# 日産vs.ゴーン

## 支配と暗闘の20年

井上久男

文春新書

1205

# はじめに　独裁とクーデターの歴史から

## 20年周期で繰り返されてきた内紛

カリスマ経営者が、一夜にして獄に繋がれる身となった。

倒産寸前だった日産をV字回復させ、世界第2位の自動車会社連合を育て上げたカルロス・ゴーンの輝かしい業績は、日本だけでなく世界中から称賛されてきた。彼が類稀な手腕をもった経営者であることは論をまたない。

ところが、ゴーンは驚くべき裏の顔を持っていた。公表されていた報酬の約2倍もの金額を実際には得る予定だったことや、18億円以上もの個人的な投資の評価損を一時的に会社に付け替えていたこと、会社の資金を個人的な利益のために流用していた疑いなどが、逮捕と同時に次々に明るみに出たのである。

倒産の瀬戸際から救って以来、約20年にわたってゴーンが支配してきた日産は、絶妙のタイミングで「社内調査」の結果を公表し、彼をトップの座から引きずりおろした。しかも、その尖兵となったのは、ゴーンが寵愛した「チルドレン」たちだったのである。

これは検察の力を借りた「クーデター」としての側面があったことは否定できない。だが、単純な権力交代劇としてゴーン逮捕を捉えては本質を見誤る。

日産の企業統治はある時期から取締役会が機能せず、ゴーンによる専制君主制のようなガバナンスに変わり果てていた。それはいったいなぜなのかを検証し、私たち自身で組織のあり方を省みる作業をしなければ、日本の企業は同じような過ちを繰り返すことになるだろう。

ヒントは「歴史」にある。

日産の創業以来の歴史を振り返ると、ほぼ20年周期で大きな内紛が起こっている。その都度、「独裁者」と呼ばれる権力者があらわれた。また、制御不能のモンスターと化した権力者を排除するために新たな権力者があらわれ、その権力者がまた制御不能のモンスターと化すこともあった。

日産は戦前の日産コンツェルンに源を発する。創業者・鮎川義介（よしすけ）は岸信介ら政界と密接な関わりをもち、満州に進出した。戦後は労働争議が長引き、労組との対立が先鋭化。会社側が画策して発足した御用労組から「日産の天皇」とまで呼ばれた塩路一郎が出現した。労組との融和路線を敷いた社長の川又克二と蜜月だった塩路は、会社を牛耳った。塩路が手に負えなくなった日産は、ゴーン追放で検察の力を借りたように、メディアの力を借りて塩路を放逐した。陰湿なやり口だった。

その塩路放逐の黒幕である石原俊（たかし）がまた暴走し、社長時代に無謀な海外投資で借入金を増やした。しかも社内のライバルの追い落としのために、成功したブランドまでも潰して、名門企業を傾かせてしまった。

## ゴーンに媚びたチルドレン

バブル崩壊後、日産は一気に坂を転がり落ちた。とどめを刺したのが1997年に本格化した「日本版金融ビッグバン」だ。メインバンクの日本興業銀行自体が行き詰まり、日産の支援どころではなくなった。日産の倒産は秒読み段階に突入した。

そして倒産寸前の日産を救ったのが、フランス・ルノーからの出資だった。ルノーから送り込まれたゴーンは日産再生のための中期経営計画「リバイバルプラン」を展開。「聖域なきリストラ」を断行し、日産を見事に再生させたのだ。

しかし、経営数字のマジックの陰で、ゴーンはイエスマンを寵愛し、意見をする部下を切り捨てていった。ルノーとの提携契約も、ゴーンに都合の良いように歪められていった。

ゴーンは自身の戦略ミスの責任を配下に押し付け、自分は逃げるようになっていた。有価証券報告書への虚偽記載に手を染め、特別背任容疑につながる会社の私物化も進め、堕落した経営者になっていた。日産社内は不公平な人事がまかり通り、過剰なコスト削減によって現場は疲弊。社内に不満が募った。

そんな中、多くの日本人取締役・執行役員は、ゴーンの暴走を止められなかった。あるいは地位を賭してでもゴーンに対峙しようという気概を持てなかった。それればかりか、暴走するゴーンに媚びることでチルドレンとなり、地位を得た者さえいるのである。

## 日本の自動車産業は生き残れるのか？

自動車メーカーは国民経済を象徴してきた。日本でトヨタや日産を知らない人はいない。同様にフランスでルノーを知らない人はいない。国家に莫大な富をもたらす産業だったがゆえ、自動車産業は「経済ナショナリズム」を煽る。日産がルノーやゴーンに食い物にされていると、憤りを感じている国民も多いだろう。

どこの国でも自動車メーカーは政治と近い。日産の創業者、鮎川義介は岸信介内閣で顧問を務めた。トヨタの社長を務めた奥田碩（ひろし）は、小泉純一郎首相と一時は盟友関係にあった。

ベトナム戦争時の米国防長官、ロバート・マクナマラはフォード出身だった。

しかし、自動車産業が経済の「花形」である時代は、そう長くは続かないのではないかと筆者は危惧している。自動運転や、車同士の双方向通信で渋滞や事故を防ぐ技術が劇的に進化し、「クルマのスマホ化」が進んでいる。配車サービスも普及し、そもそもクルマを保有したくない人も増え始めている。

グーグルやアップルなどＩＴ業界の巨人が参入し、それに合わせてクルマの設計から販売まで、すべてが変わろうとしている。このまま栄華を維持できるのか、転落してＩＴ企業の下請けになるのか、いま自動車産業そのものが岐路に立たされているのだ。

「100年に1度」と言われる大変革期を迎え、世界ではどのようなレジームチェンジが仕掛けられようとしているのか。電気自動車（ＥＶ）やサイバーセキュリティの世界標準の覇権をかけた米中2大強国の暗闘も見逃せない。

大変革期の中で起こった「ゴーン・ショック」の意味を、深く掘り下げてみよう。

## 日産自動車の概要

| | |
|---|---|
| **資本金** | 6058億1300万円 |
| **従業員数**（連結） | 13万8910人 |
| **グローバル販売台数**（2017年度） | 577万台 |
| **売上高**（同上） | 11兆9512億円 |
| **営業利益**（同上） | 5748億円 |
| **純利益**（同上） | 7469億円 |

# 目次

日産vs.ゴーン　支配と暗闘の20年

※本文中の敬称は省略させていただきました。

# 第一章　クーデター　２０１８年11月〜

ゴーン逮捕と同時に、社内調査で重大な不正があったと公表。
鮮やかすぎる追放劇の裏にあった「チルドレン」たちの確執

## カリスマ追放

「異議なし」「アグリー」……駒がすべて裏返った。

2018年11月22日午後8時半、日産グローバル本社（横浜市）でおこなわれた取締役会。4時間に及んだ議論の結果、出席した7人の取締役全員が、西川廣人代表取締役社長兼最高経営責任者（CEO）が提案した、カルロス・ゴーン代表取締役会長の会長解任と代表権剝奪に賛成した。

出席した取締役のうち、「ゴーン派」と目された人物は3人いた。うち2人はルノー出身のベルナール・レイとジャン＝バプティステ・ドゥザンで、いずれもフランス人である。そしてもうひとりが元最高執行責任者（COO）の志賀俊之だ。ゴーン来日以来、長年にわたり寵愛を受けてきた志賀もまた、すべての決議事項について賛同を示した。

ゴーンは1999年、ルノーと資本提携した日産自動車のCOOに就任した。翌年には社長の座に就き、債務超過寸前だった日産を短期間でV字回復に導いた。大胆なコストカットを駆使した経営は賞賛され、カリスマ経営者として称えられた。2005年にはルノーの社長兼CEOとなり、16年には三菱自動車も買収して傘下に加えた。以後、ゴーンは3社のアライアンス（同盟）会長兼CEOとして君臨した。3社連合の世界販売台数は

1000万台を突破。トヨタ自動車を上回り、フォルクスワーゲン（VW）に次ぐ世界第2位まで浮上していた。

だがこの瞬間、もはやゴーンに付き従う者はいなくなったのだ。

ゴーン、西川、志賀。ゴーンが早生まれのため年齢は1つ下だが、3人とも同学年である。また、志賀だけでなく西川もこれまでゴーンに重用されてきた「チルドレン」だった。今回の「追放劇」の本質を理解するためには、この3人の愛憎の歴史を紐解いていく必要がある。

## 最初のゴーン・チルドレン

今回の事件の原点には、1990年代後半の自動車産業における複雑な合従連衡の歴史がある。詳しくは第二章で紹介するが、ここでもざっと概要を振り返っておこう。

98年5月、ドイツのダイムラー・ベンツと米国のクライスラーの合併交渉が報じられた。

このニュースに接した日産の企画室は、混乱状態に陥った。この頃、すでに経営に行き詰まっていた日産は、海外メーカーからの資本受け入れを模索しており、その最有力候補がダイムラーだった。ところが、ダイムラーは日産を差し置いてクライスラーと合併してしまったのだ。

当時、志賀は企画室でナンバー2の次長を務め、外資との秘密交渉を担当していた。日産はダイムラー以外に米フォード、フランスのルノーの3社と並行して秘密交渉をおこなっていた。

結局、ダイムラーとの交渉は破談になり、日産は倒産寸前のピンチに陥ってしまう。そこに手を差し伸べたのがルノーだった。日産がおこなう第三者割当増資をルノーが引き受けたことで、日産は辛くも倒産を免れた。そして、ルノー副社長だったゴーンが日産に派遣され、再建の指揮を執ることになったのだ。

志賀は3社との交渉の段階から、ルノー派だったという。当時の関係者も「企画室の担当役員はダイムラーとの提携を支持していたが、志賀はルノーとの提携に傾いていた」と振り返る。

これが後の人事や今回の事件にも大きく影響する。日産の筆頭株主となったルノーは、志賀を理解者と見なした。COOとなったゴーンも志賀を重用し、アライアンス推進室長としてルノーとの協業の立案・実行を任せた。ゴーンの最初のチルドレンのひとりが志賀だったのである。

## 意見を言う者は左遷

その一方で、不遇をかこつ者も出てくる。ダイムラー派で統率力に優れていた取締役企画室長の鈴木裕は将来の社長候補だったにもかかわらず、扱いにくい人物とみなされて騙し討ちでルノーに出向させられた後、役員の転出先としては格が低い印刷会社に追い出されてしまった。

ゴーンが来日以来変わっていないのは、自分の指示通り黙って従う有能な部下を優遇することだ。ゴーンのイエスマンとして仕えた多くの役員は、ストックオプションを付与されるなどしてかなりの財を成した。

「志賀と並んで寵愛を受けていた象徴的な存在が、2003年から5年間、日産共同会長を務めた小枝至さんだ。相当な報酬を受け取り、退任後も相談役を務めながら不動産業を営んでいる。ゴーンはコスト削減など『汚れ仕事』をすべて小枝さんに任せた。また小枝さんもそれに応えた。リストラで痛めつけられた部品メーカーは、ゴーンというよりも、その手先となって意のままに動く小枝さんを恨んでいた」（日産元役員）

ゴーンは一方で、有能であっても自分に意見する部下に対しては、高圧的な態度で接し、会社から追い出した。

かつて日産の中枢に在籍したOBはこう語った。

「クルマ造りについてゴーンと意見が合わず反論すると、『Don't teach me!（俺に説教するな！）』と必ず言われた。何度も言うと、今度は、『Never teach me!（二度と説教するな！）』に変わる。

自分に苦言を呈する人間に対しては、徹底的に否定する。ずっとそれをやられているとゴーンの言うとおりにやるのがラクになってしまう。優秀でも意見を言うタイプは自ら辞表を書いて会社を去るか、ゴーンに左遷された」

## 「名誉はカネで買うものだよ」

ゴーンは来日後、メディアの取材に積極的に応じ、親しみやすさを日本人にアピールしていた。私生活のことも積極的に語り、4人の子を持つ父としてテレビ番組で教育論を語ったりもした。

ところが、こうした姿は「表の顔」に過ぎなかったことが、今回の事件を契機に浮かび上がってきた。じつは来日当初から、社内の限られた幹部たちには「裏の顔」を見せていたというのだ。

重要案件をゴーンに直接報告することも多かった元幹部はこう打ち明けた。

「昼休みにゴーンの部屋に説明に行ったら、靴を履いたまま机に足を載せ、ふんぞり返って報告を聞くんだ。『役員が食べている食堂のランチは豚のエサか』とまで言ったのをよく覚えている。この人はマスコミの前ではニコニコしているが、本性はわからないと感じた。外面がいいから社外の人にはわからない。それを隠す演技力が凄かったんだ」

そして、カネへの執着、傍若無人な振る舞いは、当時から相当なものがあったという。

「当時、妻のリタさんが東京・代官山でやっていたレバノン料理店では、日産自動車名義のクレジットカード（コーポレートカード）で仕入れ代金を払っていた。秘書室長が気がつき、ゴーンに『こんなことは困ります』と諌めると、その秘書室長はすぐに小さな関連企業に左遷されてしまった」（同前）

私的な家族旅行に、会社所有のビジネスジェットを使うこともしばしばあったと報じられているが、家族旅行についてはこんな証言もある。

「ゴーンから『家族旅行の見積もりを作ってくれ』と言われ、担当者は社長が行くんだからと、気合を入れてプランを作った。すると『こんな高い金額が払えるか！』と激怒した

という。あれだけ報酬を貰っているから少しくらい贅沢でもいいだろうと思ったらしいのですが……」(同前)

側近のひとりによれば、外国に保管していたワインを日本に送る際、数千円ほどの関税を払うのを渋ったこともあったという。

なぜゴーンは巨額の報酬を受け取りながら、ここまでカネに執着するのだろうか。

日産のある幹部はこう分析する。

「ゴーンは移民の子として異文化の中を生き抜いてきた。そんな中で自分の存在を他人に認めさせるには、結局は経済力が大事なのだと考えたのではないか。ゴーンの言うアイデンティティは、結局のところカネだったのでしょう」

「名誉はカネで買うものだよ」。ゴーンがそう言っているのを聞いた元幹部もいる。

## 不倶戴天のライバル、志賀vs.西川

「汚れ仕事」を担ってきた小枝の退任後、その役割を引き継いだのが西川だった。

西川は購買畑が長く、欧州法人での勤務経験もある。裏方として成果を重ねてきたが、頭角を現したのがルノーとの共同購買プロジェクトだ。2001年の共同購買会社立ち上

げに関わり、部品調達のコスト削減の陣頭指揮を執った。冷静で粘り強い交渉力にはゴーンも一目置き、引き立てた。彼もまたゴーン・チルドレンのひとりとなった。

ある元役員は西川についてこう回想する。

「西川は1990年代に辻義文社長の秘書を務めたこともあり、上昇志向は昔から強かった。だから、ゴーンに可愛がられて出世街道の先頭を走る同い年の志賀に、なみなみならぬ嫉妬心をたぎらせていた」

この志賀と西川の熾烈なライバル関係が、今回の事件の要因のひとつである「ゴーンの独裁や暴走」を許すことに繋がった。そうした意味で、志賀や西川もまた「戦犯」と言わざるを得ない。

2人は、志賀が入社年次では1年上だが、53年生まれの同学年だ。提携前の日産では東京大学出身者が幅を利かせており、東大卒で米国の大学にも社費留学した西川も社長秘書を務めるなど、エリートコースを歩んできた。一方、大阪府立大学卒の志賀は傍流だったが、ルノーとの提携によって2人の立場は逆転した。前述した通り、提携交渉の際に企画室次長だった志賀は「ルノー派」だったことから、ゴーンに寵愛されたのだ。

西川は出世競争で志賀に対して劣勢となった。志賀より3年遅れで2003年に常務執行役員に就任した。05年には副社長に昇進したものの、同時に志賀がCOOに就いたため、西川はその配下になった。

「これに西川は猛烈に嫉妬していたし、それを感じた志賀も西川批判をするようになり、2人はまさに犬猿の仲になった」(日産OB)

## 「汚れ仕事」担当に接近する

西川は、巻き返しの最終手段に出る。

「ゴーンには徹底服従し、ゴーンの指示で忠実にリストラを繰り返したことで、ゴーンの目に留まったのだ」(同前)

じつは日本人上層部のライバル関係、人間関係はもっと複雑だった。ゴーンは日産を独裁的に統治していくに当たり、こうした人間関係のあやを巧みに利用してきた一面がある。

志賀、西川以外にもゴーンが実力を認めていたのが、2人と同世代の中村克己だった。中村も志賀、西川と同じ1953年生まれだが、東京大学・大学院卒だったため、入社年次は志賀よりも2年、西川よりも1年遅い78年だった。3人の中で常務執行役員への昇格は志賀が最速の2000年で、続いて01年に中村が昇格した。

中村はもともと「開発のエース」と目されていたが、中国での合弁会社「東風汽車」の総裁を務め、日産の中国での躍進の下地を作った。その頃は、日産社内ではゴーンの後継候補は志賀か中村と見られていた。

2人に出世で後れを取った西川は、「汚れ仕事」を担ってゴーンの覚えがめでたい小枝至に近づいた。

小枝は、東大卒の技術屋ながら人間関係に器用であり、社内政治にも敏感で社内遊泳術に優れていた。

当時、東大卒が多かった日産には、都内の秀才たちが通った都立日比谷高校OBの「日比谷閥」と、都立戸山高校OBの「戸山閥」があった。「日比谷閥」のドンが小枝だったが、「戸山高校出身の西川は、派閥を越えてまで小枝に近づいたのであった。

## 志賀の更迭、西川のCEO就任

西川と同世代の元社員は、「西川ちゃんも課長の頃までは明るくていいやつだったのに、ゴーンに引き立てられるようになって暗い性格に変わってしまったよ」と嘆く。さらに、こんな証言もある。

「西川はあまりにも部下に厳しすぎるうえ、讒言も多かったので、人事担当役員がゴーンに対して『西川を副社長に昇格させてはいけない』と進言した」（元取締役）

別の元幹部は「西川はゴーンが不在の会議では全く発言しないくせに、ゴーンがいるとよくしゃべり、しかもゴーンの興味があることばかりを話題に出していた。そして、火の粉が降りかかりそうなことが起こると他人の責任にして逃げた」と回想する。

最近まで日産本社に勤めていた上級幹部はこう話す。

「志賀さんと一緒に飲みに行くと下ネタで盛り上がったりして楽しいが、西川さんと行っても盛り上がらないので楽しくない」

神奈川県厚木市にある日産の研究開発拠点「テクニカルセンター」に在籍していた元幹部は、志賀、西川、中村の3人をよく知っており、それぞれをこう評した。

「志賀さんに報告に行くとアドバイスをくれるが、西川さんはすぐに怒るので行きたくなかった。中村さんは大物で、媚びるタイプではないので、逆にゴーンが恐れて外したのではないか」

こうしたふるまいのせいで、西川は社内の人望を完全に失っていたという。

ところが、西川に思わぬかたちでチャンスが転がり込んだ。

２０１３年11月、不倶戴天のライバルであった志賀が、業績悪化の責任をゴーンから押し付けられる形でＣＯＯの座から降ろされ、更迭されたのだ。ＣＯＯは空席のままとされたので、西川が事実上の日本人トップとなった。

そして17年４月、西川はゴーンから日産社長兼ＣＥＯのバトンを渡された。

**ルノーとの間にできた「しこり」**

その頃、日産とルノーの対立が表面化し始めていた。きっかけは、西川が社長になる２年ほど前にさかのぼる。

２０１５年、ルノーの筆頭株主であるフランス政府が、２年以上保有する株主の議決権を２倍にするフロランジュ法を適用して、ルノーの経営への関与を高めようとした。主導したのは経済産業相だったエマニュエル・マクロン（現大統領）である。このとき日産は、自社にフランス政府の影響力が間接的に及ぶと察知し対抗策を講じた。その一つがルノーとの提携契約の見直しだった。

見直したのは、出資比率引き上げの際の手続きだった。

現在、ルノーは日産に43・４％、日産はルノーに15％、それぞれ出資して株式を持ち合っている。日本の会社法上、日産がルノー株をさらに10％買い増して出資比率を25％以上にすれば、ルノーの日産に対する議決権が消滅する。これまでの提携契約では、日産がルノーへの出資比率を高める場合には、ルノー取締役会の承認も必要としていたが、日産取締役会の決議のみでルノー株を買い増すことができる契約に変更したのだ。

この時の緊張関係は、ゴーンの巧みな交渉力によって、フランス政府が日産の経営に関与しないことを相互に確認することで収まった。ゴーンがフランス政府の要求を撥ねつけたのは、この頃まで「アライアンス」こそが日産－ルノーの強みと考えていたからだ。だが、フランス政府との間でしこりが残ったのも確かだった。

一方、日産社内の空気も変わり始めていた。工場などの現場では、西川主導の行き過ぎたコスト削減に不満が募っていた。17年9月に発覚した完成車検査不正問題は、社内の不満分子が国土交通省とメディアに通報して発覚したとみられている。このいきさつは第五章で詳しく紹介する。

ルノーとのアライアンスに対しても、否定的な人が増え始めていた。

ルノーは日産からの配当や最新技術の提供がなければやっていけないほど、経営体力も商品開発力も低下している。日産から得た配当金の総額は、優に８０００億円を超え、ルノーからの出資額をすでに上回っていた。それでもルノーは相変わらず日産に対し、倒産の危機から救ったことの「貸し」があると考えていた。

逆に日産側は、莫大な配当と技術提供によってルノーに「貸し」があると考えるようになっていた。両者の認識の溝は、拡大するばかりだった。

## マクロンからの3つの条件

西川は社長就任の記者会見で、「両社の提携はこれまでルノーが引っ張ってきたが、これからは日産が引っ張るようにしたい」と強気の姿勢を見せた。

フランス政府やルノーとの対立は表面上おさまっていたが、この発言を聞いたとき、両社の思惑には依然として隔たりがあることを私は感じた。西川は何としても経営の独立を維持したいと考えていたのだ。

2018年に入り、「ポスト・ゴーン」を巡ってフランス政府が動き始めたことで事態は急展開する。ゴーンのルノー会長兼CEOの任期は18年6月まで。大統領になったマクロンとの間には15年の時の「しこり」ができていたため、ゴーンのルノーCEO再任はないと見られていた。

ゴーンは三菱自動車を傘下に収めた16年から、日産社長兼CEO、三菱会長とルノー会長兼CEOを兼務していたが、仕事のメインは3社連合の統括会社「ルノー・日産BV」社（登記上の本社はオランダ・アムステルダム）の会長兼CEOになっていた。

なぜゴーンがBVの仕事を重視したかといえば、3社アライアンスの戦略を仕切るポストに就いていることで、3社の事実上のトップに君臨することができたからだ。

ところが日産とルノーの取り決めで、BVのトップはルノーCEOが兼務することになっていた。ルノーCEO退任に追い込まれれば、このBV会長職も手放さなければならなかった。ゴーンはBVトップの座は手放したくなかったため、マクロンと手打ちすることにしたと見られる。

マクロンは、ゴーンにルノーCEOの任期を22年まで延長するのと引き替えに、以下の3つの条件を突きつけた。

**①　ルノーと日産の関係を後戻りできない不可逆的なものにする**

**②　後継者を育てる**

**③　ルノーの現在の中期経営計画を達成する**

フランス政府が要求する「後戻りできない関係」とは、端的に言えば経営統合だ。18年2月、ゴーンはこの条件を呑んでルノーＣＥＯに再任された。任期は4年間。17年度の約9億５０００万円のルノーにおける報酬案も無事に承認された。

だが、ゴーンはマクロンとの手打ちによって、チルドレンだった西川との間に大きな溝ができた。それがゴーン追放の直接的な引き金になってゆくのである。

### 単独インタビューで明かされたゴーンの「本心」

しかしゴーン自身、そもそも経営統合よりも3社が独立性を維持したアライアンスの関係を重視する考えだった。それがなぜ、マクロンとの手打ちに傾いたのか？

２０１８年4月19日、横浜のグローバル本社にて筆者はゴーンに単独インタビューをおこなった。わずか45分間のインタビューだったが、いつものように身振り手振りを交えながらポイントだけをまくしたてるようにしゃべり、分かりやすいやりとりとなった。その際の一部から、ゴーンの本心を探ってみたい。

――日産とルノーがいずれ経営統合する可能性があるとの報道もあります。ゴーンさんはこれまでアライアンス（同盟）の重要性について、お互いが独立したうえで人材や技術などの経営資源を持ち寄る形態が、日産とルノーの提携が成功した原因だと言い続けていましたが、少し考え方が変わったのですか？

**ゴーン**　とんでもない。考えは変えていません。アライアンスを成功に導いたのは、様々な文化、様々な会社の人間が一緒に協力をしてきたからに他なりません。日産はアライアンスとともに成長しました。利益も出て力強い会社になりました。ルノーも然りです。三菱自動車もアライアンスのパートナーに加わり、成長や豊かさを追求しています。3社の関係は維持したいと思っています。私は別に気が変わったわけではありません。

**ただ、3社の提携が成功して持続的なのは、「一部の人たちのおかげではないか」「その人たちが退任したらどうなるのか」と言われ始めているのです。一部の人たちがいなくなった後でも、提携が続くにはどうしたらよいかが問われているのです。**

憶測が乱れ飛んでいます。「唯一の手段はやっぱり合併するしかない」という人もいます。それは唯一の手段ではないと思いますが、確かに一つの選択肢ではありますよね。しかし、他にもいろいろ手段は考えられます。アライアンスはすでにもう絶対に不可逆的だと私自身は思っているんです。なぜなら、みんなアライアンスから利益が生まれているからです。メリットを享受しているのに、どうしてわざわざ疑問視しなければならないのですか。すでに提携は不可逆的だと思っているんです。

ただ、中には「ゴーンさん、あなたがいるからそう思うんでしょう」と言う人もいるのです。「各社のことを分かっているゴーンさんがいるからうまくいっているんだ」と言う人がいます。「では、あなたがいなくなったらどうするのよ」と。

――ズバリ聞きますが、ゴーンさんが退任してもアライアンスが続く体制を考えるということですか？

**ゴーン**　そうなんです。まさにその通りです。**今問われているのは、私と改革を進めてきた世代がいなくなった後、どうするのですか、ということです**。新しい世代の人たちは、過去のアライアンスの発足時の精神のことは分かってないかもしれない。そうした指摘自体は無視できません。もし私が自己中心的だったら無視してもいいんですよ。「私の後なんか私の問題じゃないからいいや」と思ってもいいわけです。しかし、そんなことは言えません。私には、5年後、10年後のアライアンスの将来に備える責任があります。

私は気が変わったわけではありません。19年間にわたり、私のことをご存知でしょ。見ていらっしゃいましたよね。私はマネジメントの原則、そして価値観についても申し上げて、それを実践に移してきました。そんなの今になって変わりませんよ。

いずれにしても、アライアンスをどのように進化させるのであれ、やはり全面的に日産とルノーと三菱の賛同を得なければならない。それに加えて、2カ国の賛同が必要です。アライアンスのベースである日本とフランスの合意がなければ、どのような進化もあり得ません。合意が形成できなければ、はっきり言って現状維持です。それしかない。そのまま従来のやり方でやるしかないわけです。今申し上げた関係者が全員合意をした上で初めて動くということなんです。ですから別に緊急性があるわけでもないし、別に火事が起こっているとか、そういうことではありません。

ただ、それでも懸念があるんです。つまり、持続可能性です。どうやってアライアンスを持続させるのか。将来的にリーダーが誰であれ、誰が統括するのであれ、継続させるためにはどうすればいいのかということです。多くの憶測が乱れ飛んでいます。「絶対に合併だ」とか「フランス政府が求めている」とか「日本政府は嫌だと言っている」とか。結局それは一部のメディアが騒いでいるだけなんです。短期的にそんな緊急性があるわけではないんです。

――リタイアした後の人生の目標はありますか。「日本は私のアイデンティティの一部だ」と言われていますが、日本ともずっとかかわっていこうと思っていますか。

**ゴーン**　もちろんそうしたいと思っています。**まず、私の任期が22年までと申し上げましたが、だからといってリタイアするという意味ではないかもしれないですよ。任期は22年までですね、ということだけです。**

**（注）このインタビューの全容は208〜213頁に収録した**

**「自分でなければアライアンスは成立しない」という強烈なアピール**

まず注目すべきは、提携が続くのは「一部の人たちのおかげではないか」との発言だ。一部の人たちとは、ずばりゴーンを指す。3社アライアンスは、強大な権力を持つゴーンに依拠しているということを、フランス政府に強烈にアピールしているのだ。

ルノーと日産の提携は、資本の論理上は日産に43％出資するルノーが実質的に日産を支配しているが、お互いが独立した組織として存在し、強みを持ち寄りながらシナジー効果を出すことに主眼が置かれていた。「アライアンス（同盟）」という表現はそれを象徴している。

ただ、アライアンスの中に三菱も入った今、独立した3社の利害関係はより複雑さを増している。たとえば、共同開発したクルマの生産拠点をどこにするかだ。日産は国内雇用を守りたい時には国内での生産を目指すが、ルノーも同様に自国での生産をしたいと考える。日産と三菱の販売がお互いを食い合うこともあるだろう。こうした綱引きの局面では、強大な権力を持つゴーンがいたからこそ、微妙なパワーバランスをとって裁定することが可能だった。

もちろん、3社の利害が必ずしも一致するとは限らない。株主からみれば、独立した3社のトップをゴーンが兼任すること自体、利益相反ではないかとの批判の声もあった。しかし、3社が安定した収益と配当を出し続けていれば、批判はかわすことができた。

ゴーンはこれまで、日産とルノーを経営統合しなくても、自身の力で日産を完全に制圧していることをフランス政府に見せつけてきた。もちろんフランス政府もその点を承知している。だからこそ、ゴーン退任後に日産とルノーの関係が途切れてしまわぬよう、「不可逆的なもの」を求めたといえる。

## BVトップの座は譲れない

次に大きなポイントは「私の任期が22年までと申し上げましたが、だからといってリタイアするという意味ではないかもしれないですよ」という発言だ。筆者はこの発言にゴーンの本音が出ていると見ている。

今回明らかになったゴーンの不正行為をみると、ゴーンは「会社のカネ」にかなり依存した生活スタイルを築いてきたといえる。今の「おいしい」ポジションは手放したくないということだ。

２０１８年、ゴーンはフランス政府が要求するルノーと日産の関係を不可逆的なものにすること、という条件を呑み、ルノーＣＥＯ職に再任された。その理由は前述した通り、ルノーＣＥＯ職がＢＶのＣＥＯを務めるという規約が両社間にあるため、ルノーＣＥＯが事実上の3社同盟の指令塔であるからだ。この地位にこだわったゴーンがフランス政府の要求を呑んだ。

ゴーンはこのインタビューで「すでに提携は不可逆的な関係にある」とも答えている。これも、自分の存在があるからだ、という意味だ。ただ、「合併は選択肢の一つであり、他にも様々な手段がある」「3社の合意を得たうえで」とも語った。これはフランス政府に対する逃げ道として言い添えたものだと筆者は分析している。要は、「3社の合意が得られなかったので、しばらくは現状維持する」とフランス政府に釈明することも可能だからだ。

ゴーンはインタビューの最後のほうで「22年まではアライアンスのトップを務めますが、他の仕事は代わるかもしれない」と語り、日産や三菱の会長には固執しない考えを示した。3社同盟のトップにしか興味がないという意味である。ゴーンは、日産会長やルノー会長の職はどうでもよく、3社連合のトップとして、何らかの形で居座ろうとしていたということだ。

また、ルノー・日産BVは日産の連結決算対象の子会社ではないため、そこのトップとして多額の報酬を得るようにしても有価証券報告書に開示する必要はなく、世間や株主の目を気にしなくてもよくなる。ゴーンにとってはまさに一石二鳥だったのではないか。

## 西川の最後の切り札

一方の西川は、日産の独立性をいかに守るかを考えあぐねていた。もしフランス政府やルノーが強引に日産への支配力を強めた場合、ルノー株を買い増して日産への議決権を消滅させる強硬策もすでに西川の頭にはあったとみられる。

西川に時間的な余裕はなかった。２０１８年９月の取締役会で、ゴーンはこう語ったという。

「ルノーとの資本関係について今のままでいいのか。その議論を始めるべきかどうか、皆さんの意見を確かめたい」

議論を始めるという言質を取って、一気にルノーとの経営統合に動きたかったのだろう。その場で異を唱える取締役はいなかった。

ルノーの株式を買い増すためには、日産の取締役会で「西川派」を過半数にする必要性があった。

当時の取締役会のメンバーは以下の９人である。

**カルロス・ゴーン**（代表取締役会長）
**西川廣人**（代表取締役社長兼ＣＥＯ）
**グレッグ・ケリー**（代表取締役）
**坂本秀行**（取締役副社長）
**志賀俊之**（取締役）
**ジャン＝バプティステ・ドゥザン**（社外取締役。ルノー出身）

**ベルナール・レイ**（取締役。ルノー出身）

**井原慶子**（社外取締役。カーレーサー）

**豊田正和**（社外取締役。経済産業省出身）

このうち西川派は、坂本、井原、豊田。ゴーン派が5人に対し、西川派は自身の票を入れて4票しかなく、このままでは過半数を取れない。ゴーンはCEOを西川に譲ったとはいえ、取締役会メンバーは巧みに構成し、自分の意向が通る人選にしていた。

志賀は13年にCOOから更迭された後、いずれ取締役を退任する予定だったが、ゴーンの意向で留任した。しかも、15年に志賀は官民ファンドの産業革新機構（当時）会長に就き、利益相反の恐れがあったにもかかわらず、取締役にとどまり続けた。これは、ゴーンによる多数派工作のために他ならない。西川と不仲の志賀が「西川派」に寝返ることはないとゴーンは判断していたと見られる。ゴーンはかつて寵愛した志賀を切り捨てておきながら、志賀を抱き込むことで過半数の5票を取れると踏んだ。言ってしまえば、ゴーンは、西川と志賀の不仲を利用して多数派を構成したわけだ。

だが、西川には最後の切り札があった。ルノーとの統合問題に頭を悩ませていた時期、日産社内では内部通報によって、ゴーンの不正が明らかになりつつあったのだ。内容的には、会長としては不適格と判断せざるを得ないものばかりだった。

そこで西川は、検察と協力してゴーンの不正を暴くことを決断した。それが衝撃的な逮捕劇へとつながったのだ。

## 逮捕の衝撃

2018年11月19日午後4時半過ぎ。羽田空港に日産所有のビジネスジェット機「N155AN」が着陸した。

ゴーンが入国手続きを済ませると、空港内に待ち構えていた東京地検特捜部の捜査員がゴーンに任意同行を求めた。特捜部の車はゴーンを乗せ、検察庁に向かった。

ほぼ同時刻、一足先に羽田空港に到着していた日産でのゴーンの最側近とされるグレッグ・ケリーは、首都高速を走る車の中にいた。その車の運転手に、近くのパーキングエリアに停車するよう、特捜部の捜査員から電話が入った。車が停車すると特捜部の捜査員が近寄り、同じく任意同行を求めた。

2人はほぼ同時刻に逮捕状を執行された。どちらかに先に情報が洩れたら、大使館などに逃げ込まれるおそれがある。特捜部にとっては乾坤一擲の勝負だった。逮捕と同時に、日産本社やゴーンの東京の自宅など関係各所で捜索が始まった。

逮捕容疑は金融商品取引法違反だ。上場企業の役員は、年間1億円以上の報酬を受け取った場合、氏名と金額などを有価証券報告書に記載するように義務付けられている。ゴーンは11年3月期から15年3月期までの5年間、役員報酬額が実際には合計約99億9800万円だったのに、有価証券報告書には約49億8700万円しか記載していなかった。

また、ゴーンと同時に逮捕されたケリーは、ゴーンの報酬を実際より少なく見せかけるよう、複数の部下に指示していたとの容疑が持たれている。ゴーンの高額報酬についてはルノーでも批判が高まり、16年には減額に追い込まれていた。周囲の視線を気にしなくてはならない状況だったのだ。

西川は同19日午後10時頃から横浜市のグローバル本社にて緊急記者会見に臨み、ゴーンのさまざまな不正が内部通報によって発覚したことを明らかにした。複数の関係者によると、18年3月頃に内部通報があり、日産は社内調査を開始。その結果、「複数の重大な不正」が判明したという。

日産の動きは素早かった。みずから特捜部に情報を提供して捜査に全面協力し、不正に関与した人間が捜査に協力する代わりに刑事処分を軽減される司法取引制度も適用された。

今回、司法取引したのは、ゴーン周辺の仕事をしていた元秘書室幹部と外国人の専務執行役員と見られる。

この外国人専務は英国で弁護士の資格を持ち、日本にも留学経験がある。英国日産自動車製造で法務担当をした後、日産に異動して役員に昇格。会長室長など本社の中枢部門の担当だった。

ゴーンの周辺には、この外国人専務に加え、逮捕されたケリーも北米日産法務部出身で弁護士資格を有する。第六章で詳述するが、ルノーでの側近であるイラン人の副社長ムナ・セペリも同様に法務部出身で弁護士の資格を持つ。側近3人がそろって弁護士資格を持つのは不正を巧妙に隠すためだったのではないか、と日産社内では見る向きもある。

## 周到に練られた追放シナリオ

西川の記者会見と同時に配布された日産のニュースリリースは「当社代表取締役会長らによる重大な不正行為について」と題され、ゴーンやケリーの不正について断定的に強い表現で批判していた。

「両名は、開示されるカルロス・ゴーンの報酬額を少なくするため、長年にわたり、実際の報酬額よりも減額した金額を有価証券報告書に記載していたことが判明いたしました。そのほか、カルロス・ゴーンについては、当社の資金を私的に支出するなどの複数の重大な不正行為が認められ、グレッグ・ケリーがそれらに深く関与していることも判明しております（中略）内部調査によって判明した重大な不正行為は、明らかに両名の取締役としての善管注意義務に違反するものであります」

記者会見も西川が一人で臨み、ほとんどの質問に対して滞ることなくスムーズに回答した。こうした企業不祥事の会見を社長が一人で取り仕切るケースは珍しい。広報や法務担当役員、あるいは顧問弁護士が補助するのが一般的だ。ということは、この会見とリリースはあらかじめ周到に準備されていたものと見て間違いないだろう。

そして逮捕から3日後の11月22日に開催された取締役会で、日産はゴーンを会長職から解任し、ゴーンとケリーが持つ代表権をはく奪することを決議した。冒頭のように、異議を唱える取締役は誰もいなかった。

あまりに鮮やかなゴーン追放劇に、西川の「クーデター」と評する向きもあった。だが、この「クーデター」は一筋縄ではいかなかった。

## 特捜部の誤算

ゴーンは特捜部の取調べに対し、容疑を全面的に否認した。

「有価証券報告書に記載する報酬額は、日産が会社として決めたことで、不正をしたという認識はない」

「報酬の受け取りは確定しておらず、有価証券報告書への記載の必要はない」

「『適法にやってくれ』と（側近に）頼んだ」

勾留期限を迎えた２０１８年12月10日、特捜部はゴーンとケリーを金融商品取引法違反の罪で起訴し、同時に両名を再逮捕した。容疑は同じく金融商品取引法違反で、直近の16年3月期から18年3月期までの３年間、ゴーンの役員報酬額は実際には約71億７４００万円だったにもかかわらず、約29億４００万円と虚偽の記載をしていたとされる。

同時に最初の逮捕容疑について、特捜部はゴーンとケリー両容疑者を起訴。両罰規定によって日産も法人として起訴した。法人の場合、罰金が最高で7億円となるため、最も重い罪の一つと言われる。

再逮捕されても、ゴーンは依然として容疑を認めなかった。海外からの批判の声も強まりだした。政府がルノーの大株主であるフランスばかりか、祖国レバノン、出身国のブラジルなどの大使館員が連日のように東京・小菅の拘置所を訪れ、ゴーンに接見して励ました。

海外メディアもゴーン寄りの姿勢で事件を報じた。

「長期の勾留は人権侵害」「ベッドもない極寒の小部屋に勾留するのは、社会主義国なみ」……検察は不穏な空気に包まれだした。

再逮捕の最初の勾留期限が来るのが12月20日だった。刑事訴訟法では1回の逮捕で、10日間ずつ2回、最大20日間の勾留を認めている。戦後の日本の司法の歴史上、特捜部の勾留延長請求を裁判所は全面的に認めてきた。

ところが今回、前例にない事態が起きた。特捜部がゴーンの2回目の勾留延長を求めたところ、東京地裁は却下したのだ。驚いた特捜部は不服として準抗告したが、これも却下された。

これで特捜部のシナリオが完全に狂ってしまった。ゴーンとケリーへの取調べは、英語やフランス語でおこなわれる。通常の取調べよりも時間がかかるのは間違いない。あと10日間かけて金融商品取引法違反での容疑をじっくり固めるつもりが、突然、スケジュールを切り詰められてしまったのだ。

10年の「大阪地検特捜部・証拠改竄事件」以来、検察は沈黙を強いられてきた。ここでゴーン有利の状況になれば、取返しがつかない。検察は一気に苦しい状況に追い込まれた。勾留延長請求が却下された後、定例記者会見に臨んだ久木元伸（くきもとしん）・東京地検次席検事は厳しい表情で「感想は控える。適切に対処する」と述べるにとどまったが、検察首脳らはメディアの取材に憤りをあらわにした。

「理解できない」「捜査するなというのか」「裁判所は外圧に屈したのか」

専門家の中には「司法取引によって事前に証拠などを収集しているのだから、同様の容疑で逮捕している状況で40日間の勾留は長すぎると裁判所が判断したのではないか」との見方もあった。

ゴーンは12月21日にも保釈されるとの見通しが高まった。東京拘置所前には海外メディアを含めた多くの報道陣が押しかけ、保釈後のインタビューに備えていた。

### 特別背任というカード

ところが事態は急変した。

保釈寸前の２０１８年12月21日午前11時30分頃。特捜部は会社法違反容疑（特別背任）

でゴーンを再逮捕したのだ。3回目の逮捕である。

08年10月、ゴーンが個人的に保有する金融商品が約18億5000万円もの評価損を抱えてしまった。その損失を回避するために、ゴーンが金融商品の契約を日産に一時的に付け替えた……これが逮捕容疑である。最近のゴーンは2カ月に1度程度しか来日しておらず、日本に滞在していない期間は時効のカウントから除外されるため、特別背任の時効は成立しないと見られた。

筆者の見立てでは、特捜部は当初から特別背任での立件を視野に入れていた。2回目の逮捕で20日間の勾留満期になった時点で、会社法違反で逮捕する計画だった模様だ。

ところが、勾留延長が認められなかったため、証拠隠滅などの恐れがあると判断して急遽、逮捕に踏み切ったと見られる。

ゴーン側が保有していた金融商品は為替スワップ取引であり、通常よりも有利なレートで日本円を外貨と交換できるという利点がある。ゴーンは日産からの報酬を日本円で受け取っていたが、ドルと有利な条件で交換できるため、個人資産管理会社でこの契約をしていたという。ところがリーマンショックで急激な円高が進んだため、ゴーンは巨額の評価損を抱えてしまったのだ。

複数の報道によると、この為替スワップ取引を担当していた新生銀行は、評価損が膨れ上がったため、ゴーンに追加担保を要求した。その際、ゴーンは新生銀行側にこう持ちかけたという。

「この契約を日産との契約に変えたらどうか？」

つまり、自分が抱えている損失を丸ごと日産に移してしまおうという提案である。

新生銀行側はこれに驚き、「それを実行するには日産の取締役会での承認が必要」との条件をつけた。するとゴーンは「大丈夫だ」と了解し、後日、日産の法務部長らが「取締役会での承認を得た」として新生銀行を訪問し、付け替えを求めた。新生銀行側はそれを受け入れ、為替スワップ取引をゴーンから日産に付け替えたという。

ところが08年11月、証券取引等監視委員会が新生銀行に検査に入り、この付け替えに目をつけた。とりわけ問題視されたのは、取締役会での決議内容だった。取締役会の議事録には「新たな為替取引の担当者選任について」との表題と「全員承認」との簡素な決議内容しか書かれておらず、取引内容の説明や他の取締役からの意見などは一切記載されていなかったという。

監視委はこの日産の取締役会での決議は偽装された疑いがあると判断し、付け替えは会社法違反に当たる恐れがあると指摘した。その結果、契約は日産からゴーンの資産管理会社へ戻されることになった。

## サウジ富豪への16億円

契約を自身の資産管理会社に戻す際、損失を抱えていたゴーンは新生銀行から追加担保を求められた。その際にゴーンに協力したのがサウジアラビアの実業家、ハリド・ジュファリだった。ジュファリは財閥「ジュファリグループ」の創業家出身で、ゴーンとは30年来の知人であるとされる。建設業、製造業などを手がけ、サウジアラビア有数の富豪という。

ジュファリは、新生銀行が求めた追加担保の約30億円を負担して協力した。その謝礼として、２００９〜12年にかけて計４回、ゴーンはアラブ首長国連邦の子会社「中東日産会社」を経由して、現在のレートで約16億円をジュファリの口座に振り込ませたとされる。資金は「販売促進費」「ブランド活動費」といった名目で振り込まれた。

この約16億円の出所は、日産社内で「ＣＥＯリザーブ（最高経営責任者の直轄費）」と呼ばれる資金で、ゴーンの独自の判断で突発的な支払いに対応するためのものだった。

なお、ゴーンは東京地検特捜部の取調べにおいて、ジュファリへの資金振り込みは「中東日産会社のトラブルを解決してもらったことと、現地の政府関係者らにロビー活動をしてもらったことへの謝礼」と供述したという。だが、ジュファリは実際には日産のために販売促進などの活動はしていなかったと見られている。さらに、ある日産関係者は「直轄費は災害見舞金など突発的な支払いに対応するための資金。ロビー活動や販促費は中東営業部門で予算化しているので、ゴーンの供述は矛盾している」と説明する。

中東を担当した経験のある日産以外の自動車メーカーの元役員によると、サウジアラビアではビジネスで成功した人物は「王族扱い」となるため、ジュファリのような人物にビジネスの仲介やトラブル処理を依頼することはよくあるという。

たとえば、中東では系列の販売会社のオーナーが死去して代替わりした際など、相続を巡って骨肉の争いが起こることが多い。そうしたトラブルへの対応を依頼することもあるという。しかし、この元メーカー役員は、こう言って首を捻る。

「一般的に中東の販売会社では、経理担当幹部に数字に強いレバノン人やパキスタン人を雇っているケースが多いが、持ち逃げなどの金銭トラブルが多発するため、こうした処理も現地人に依頼することがある。

ただ、日産の中東での事業規模はそれほど大きくないので、これほど多額の資金が動くのは不自然ではないか」

## 経営者として不適格

2018年12月31日、東京地裁はゴーンの特別背任容疑での勾留延長を認めた。弁護側は延長却下を求める上申書を提出したが、退けられたため、勾留理由の開示を求めた。これを受け、東京地裁は19年1月8日、勾留理由を法廷で説明。18年11月19日の逮捕以来初めて公の場に現れたゴーンは英語で「私は無実である」などと意見陳述した。そして19年1月11日、特捜部は会社法違反（特別背任）罪などでゴーンを追起訴した。

今後、ゴーンにかけられた報酬虚偽記載や特別背任の容疑については、法廷において争われる。

だが、もしゴーンが無罪を勝ち取ったとしても、日産の会社としての判断が覆ることはないだろうと筆者は見ている。企業の経営者としてふさわしいかどうかという観点からゴーンの一連の振る舞いを検討したとき、少なくとも日産としては『取締役・執行役員の法令遵守ガイド』に違反」との判断を示している。いずれ開かれる株主総会において、日産はゴーンを取締役からも退任させるだろう。

より噛み砕いて言えば、まず最初に日産がゴーンの複数の不正事案を発見し、「経営者として不適格」との判断を示したのである。そして、その不正事案のなかの2件が刑事事件として立件されたと解釈できる。

日産が社内調査によって認定した不正は大きく分けて3種類ある。すでに立件、起訴された報酬虚偽記載（金融商品取引法違反）、会社資金の不正使用（特別背任）、そして経費の私的流用だ。後者の2つが会社の私物化と言える。


**海外子会社を駆使した巧妙な「偽装工作」**


私物化の最たる例は、海外の日産子会社を通じてゴーンがプライベートで使う豪華邸宅をブラジルのリオデジャネイロやレバノンのベイルートに保有していたことだ。しかも、この邸宅保有に関しては明らかに「偽装工作」がなされている。端的に言えば、ゴーンの邸宅保有を隠す意図があったと見られても仕方ないようなことをしているのだ。

２０１０年12月、「ジーア社」という会社が日産の子会社としてオランダに設立された。日産の経営会議ではベンチャーに投資するための会社として説明され、約50億円が投じられた。しかし、筆者の取材によると、ゴーン最側近のケリーが10年10月、ジーア社に関して「非連結にするので日本での開示の問題はクリアできる。アブタビに口座を作り、そこからゴーンに支払う」などとする社内メールを送信している。

つまり、実際にはゴーンに「裏報酬」を払う目的の会社として設立されたのではないかと推察される。ただ、ジーア社からは何らかの理由でゴーンに裏報酬は支払われなかった。そして、ジーア社はゴーンの邸宅保有の会社へと変更されることになる。

その後、ケリーは突如、日産の経営会議に対してジーア社の非連結化を提案し、承認させた。ケリーの当初の提案は、ジーア社を日産の欧州統括会社の子会社である欧州日産のさらに子会社、日産自動車部品センター（NMPC）のさらにまた子会社である日産インターナショナル金融と合併させるというものだった。最終的な形としては、同社と合併してはいないが、ジーア社をNMPCの子会社にして日産本社の連結対象から外した。

日産本社とジーア社の間には、なぜか子会社が3社存在する。これは日産本社の経理や監査のチェックから逃れる「偽装工作」と言えるだろう。もし本当にベンチャー投資が目的であるならば、本社の意志決定が迅速に反映される直属の子会社として位置付けておくべきで、わざわざこんな複雑なことをするとは考えにくい。

**ゴーンの海外豪華邸宅「連結外し」のスキーム**

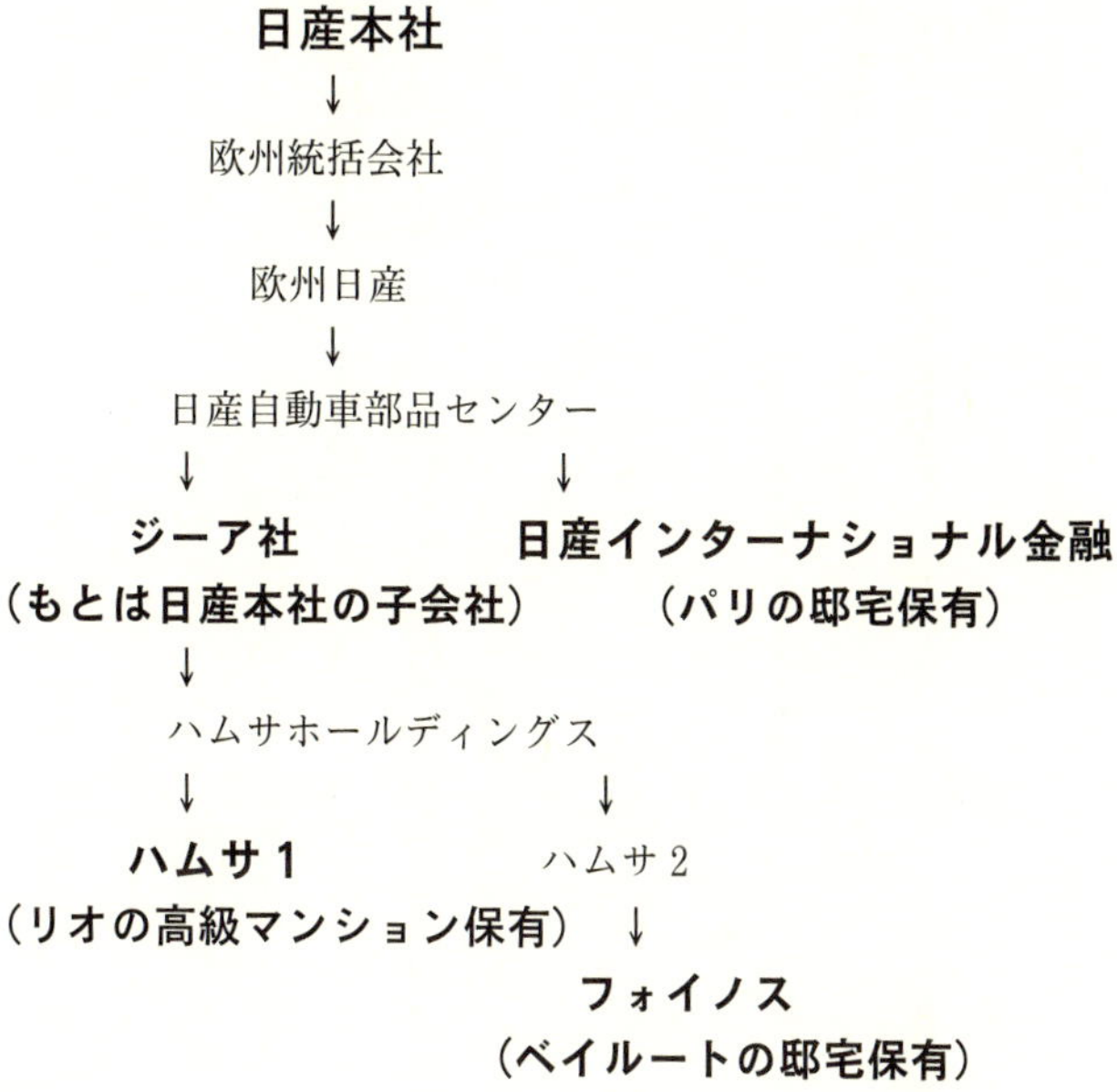

**日産本社**
↓
欧州統括会社
↓
欧州日産
↓
日産自動車部品センター
↓ ↓
**ジーア社（もとは日産本社の子会社）** / **日産インターナショナル金融（パリの邸宅保有）**
↓
ハムサホールディングス
↓ ↓
**ハムサ1（リオの高級マンション保有）** / ハムサ2
↓
**フォイノス（ベイルートの邸宅保有）**

しかも、こうして連結外しをおこなった後、ジーア社はさらに子会社のハムサホールディングスを設立し、同ホールディングスがさらに2つの子会社を設立。その上さらに、2つの子会社のうち「ハムサ2」がフォイノスという子会社を設立している。

同ホールディングスが設立したもうひとつの子会社で租税回避地のヴァージン諸島にある「ハムサ1」は、12年1月23日にジーア社が

580万ドル（約6億3000万円）で購入したリオデジャネイロの高級マンションを保有している。日産インターナショナル金融は、パリにあるゴーンの邸宅（購入価格410万ドル＝約4億5000万円、改築費500万ドル＝約5億5000万円）を持っている。

また、12年5月12日にジーア社が950万ドル（約10億4000万円）で購入後、改築費720万ドル（約7億8000万円）を支払ったベイルートの邸宅（戸建て）は、フォイノスが保有している。このベイルートの邸宅は古代の遺跡が出る地域にあり、ゴーンの邸宅となった後も、その地下部分は古代人が埋葬されていた遺跡とみられ、保存されている。

ゴーンは17年8月、このベイルートの邸宅について、会長室長の外国人専務執行役員にメールを送信し、「リノベーション費用のために150万ドル（約1億6000万円）をフォイノスの口座に送金すべき」と指示している。

だが、送金が遅れたことで、リノベーション費用の支払いが遅延してしまった。するとゴーンはその会長室長の外国人専務に「支払いの遅れについて私に苦情を言ってきている。ベイルートの物件で私は頭がいっぱいだ」などとメールで苦情を伝えている。

ゴーンの現在の妻、キャロル・ゴーンからも会社宛に、ベイルートの邸宅のシャンデリアの修理費用6万5000ユーロ（約800万円）の請求が来ており、日産は邸宅の管理人を1人雇っているという。

こうしてゴーンがベイルートの邸宅の支払いで揉めていた頃、日産では完成車検査の不正問題が発覚し、現場では対応に四苦八苦していた。この完成車検査不正問題については第五章で詳述するが、ゴーンとチルドレンの西川が主導したコスト削減が行き過ぎて、現場が疲弊していたことが原因の一つといえる。現場の社員たちが困っているのを横目に、自分は会社のカネを私物化して買った邸宅の修理で「頭がいっぱいだ」というのである。

前述したように、日産インターナショナル金融名義のパリの邸宅をゴーンは私的に利用していたが、パリではルノーCEOとしての仕事が多いのに、なぜか日産側が邸宅を購入している。これもルノーの日産に対する搾取を象徴している。ルノー以外の約57%の日産の株主から見れば、利益相反行為にほかならない。

日産はゴーンに対して、都内に家賃月額136万円、オランダに同8000ドル（約87万円）の高級社宅を用意している。ゴーンは、その上に複数の豪華邸宅を会社のカネで買い、改築費まで負担させ、私用で使っている。まさに私物化以外の何物でもない。いずれ、日産はゴーンに対して民事で損害賠償を請求することが予想される。また、株主代表訴訟のターゲットにもなるだろう。

## 「女性」の影

なぜ、ゴーンは会社を食い物にしてまでも、豪華邸宅にこだわったのか？

その動機には、「女性」の存在があると筆者は見ている。

ベイルートやリオデジャネイロの高級住宅の取得は、ゴーンが前妻のリタと離婚した時期と重なる。２０１２年にゴーンとリタの離婚がレバノンにおいて成立した。そのころから、ゴーンがレバノン出身の女性キャロル・ナハスを同伴している現場がたびたび目撃されている。「若い再婚相手に自分の力を見せつけて良い格好をするために、彼女の出身地や、夏・冬休みにしか行かないリオデジャネイロに邸宅を購入させたのではないか」（日産関係者）と見る向きもある。

そしてゴーンはキャロルと再婚。16年10月にはキャロルの誕生日にあわせてパリのヴェルサイユ宮殿を借り切って結婚披露パーティをおこなった。参加者は18世紀の貴族の衣装を身にまとうという凝った演出で、このパーティだけで数十億円かかったとみられている。

邸宅問題以外にも、私物化は枚挙に暇がない。ゴーンはブラジルに住む姉に、実体のない「不動産取引アドバイザー」の肩書を与え、03年から16年までの間に75万5000ドル（約8200万円）の顧問料を支払っていた。また、私用で使うリオデジャネイロの高級ヨットクラブの会費も、日産から支払わせていた。

さらに日産と三菱自動車は19年1月18日、両社が折半出資でオランダに設立した「日産・三菱BV」からゴーンに対し、18年4月から同11月までの間に約782万ユーロ（約10億円）が、非開示の報酬として取締役会の決議を経ずに不正に支払われていたと発表した。日産・三菱BVは17年6月、両社がシナジーを追求するための会社として設立したものだ。

特捜部はこれらについては立件していないが、経営者としてはアウトであると言われてもやむを得ない。

こう理解すると分かりやすいだろう。たとえば一般社員がカラ出張し、経費を不正請求したら、会社の就業規則に照らして何らかの処分が下されても仕方がない。もっとも、悪質さの度合いに応じて処分内容に軽重がある。最悪なら懲戒解雇になる場合もある。処分後に会社はその社員を業務上横領などで刑事告発するケースもあるだろう。刑事事件に発展すれば、逮捕、起訴も想定される。

一般社員が株式投資で損を抱えたからといって、一時的であってもその損を会社に付け回すことは100%できない。万が一、密かにそうした行為をした人間がいれば、即刻懲戒解雇になるのは当然だろう。

今回のゴーンの会長解任は、本質的にはこれと同じである。取締役会が判断した会長解任との判断を不服とするならば、今後、ゴーンは会社側と民事訴訟で争うしかない。「最終的には会社に損害を与えていない」と主張したとしても、道義的な責任からは逃れられない。経営者には、権力を持つと同時に自らの行動を厳しく律することが求められるからだ。

刑事事件については推定無罪の原則もあるが、筆者が日産の社内調査について取材を重ねた限り、最高権力者だったゴーンが取った行動は、経営者としてあまりに自分勝手であり、経営者不適格と言わざるを得ない。

## 媚びへつらった者たちこそ万死に値する

今回のゴーン追放劇は、日産がルノーによる経営統合に危機感を抱いたことと、ゴーンとケリーによる不正の発覚という「2つのパズルのピース」が同時にはまった結果だ。どちらが欠けても、このような結果にはならなかっただろう。「クーデター」の第一段階は成功した。

今後はゴーンやフランス側の反撃も予想される。ゴーンの後任の会長を選任しなければならないが、ルノー側がそのポストを求めたのに対し、日産側は拒否している。両国政府を交えたせめぎ合いはしばらく続くだろう。

ゴーンはいずれブラジル大統領選に出馬して故郷に錦を飾る野望があるのでは、と日産社内では囁かれていた。

「リオ五輪のスポンサーになり、ゴーン自身も聖火ランナーまで務めた。これは大統領選を見据えていたからだろう。『名誉をカネで買う』ことを厭わなかったゴーンは、そのために蓄財していたのではないか」(日産幹部)

だが、かつて自分が重用したチルドレンの謀反により、その野望も完全に潰えたようだ。

西川以下、日産の日本人幹部の多くが、ゴーンの実力と功績は認めながら、ルノーとの経営統合だけは絶対受け入れられないと考えていた。だからこそ、今回のゴーン追放劇は検察権力を借りた「クーデター」のように筆者の目には映ってしまう。

繰り返すが、ゴーンの独裁や横暴を許してきたのは、一部の日本人の取締役や幹部たちである。ゴーンに媚びへつらい、地位や報酬を得ようとしてきた彼らもまた、厳しく断罪されるべきである。

また、本来ならゴーンの不正行為について社内調査で黒と判断した時点で取締役会に解任動議を出し、その後に刑事告発するのが筋であろう。保身のあまり取締役のうちの誰もそれができなかったとすれば、彼らの決断力や勇気のなさこそ万死に値する。

また自戒の念を込めて言えば、筆者も含めたメディアは、ゴーン体制の最近の企業統治の現状を綿密に取材すべきだった。自浄作用が機能せず、「怪物」を制御できなくなった末、国家権力を使って追放するというストーリーは、どうも後味が悪い。

＊

しかしながら、日産という企業の歴史を振り返ると、たびたび独裁者が生まれてきたことがわかる。そして、その怪物を誰もコントロールできなくなった末に、カタストロフが訪れている。

第二章では日産の歴史を振り返りつつ、ゴーンを生んだ企業風土を解明してみたい。

# 第二章　日産の救世主　創業〜１９９９年

権力者の暴走と社内抗争は日産の経営体力を奪っていった。
そして倒産寸前の瀬戸際、フランスから救世主がやってきた

## 「独裁者」を生む企業体質

本章では、日産自動車の成り立ちや発展の歴史を振り返る。創業者の鮎川義介の人物像、旧満州に進出した戦前の歴史、そして戦後の混乱を経て日本のモータリゼーションとともに発展してきた歩みを見ていく。

20世紀はクルマを自国で、かつ自前の力で造ることができて初めて一流国と言われた時代であった。なぜなら、鉄鋼、化学、機械、電機といったあらゆる分野の技術を融合させなければクルマはできないからだ。さらに、生産現場では品質を維持する熟練的なノウハウも要求されるため、人材育成というソフトも自動車産業の競争力に影響した。つまり、国家としての総合力が問われるのがクルマの製造だったのだ。

第二次大戦後、軍備を禁じられた日本では、ゼロ戦などの軍用機を造っていた技術者がクルマの技術者に転身した。それから日本の自動車メーカーは、試行錯誤を繰り返しながら品質の高いクルマを造り、それを輸出して外貨を稼いだ。貿易摩擦を経て1995（平成7）年の日米自動車協議後は海外での生産を加速させ、国外で儲けた富を日本に持ち帰ってくるようになった。

戦後日本の自動車産業の歴史は、日本経済の栄枯盛衰そのものと言っても過言ではない。

その中で長年、トヨタ自動車に次ぐナンバー2のポジションにいた日産の歴史を紐解いていくことは、すなわち、日本産業史の中核を振り返ることにもなる。

今回の「ゴーン事件」に限らず、日産の歴史では、常に「天皇」とか「独裁者」と揶揄されるような人物が現われ、その弊害が顕在化すると、社内抗争でその人物が引きずり下ろされるということが繰り返されてきた。

また、企業体質として、社内での派閥争いや、部門間での責任の擦り付け合いが日常化し、現実の課題に全社一丸となって真正面から向き合う力を失ってきたことも否定できない。

こうした企業体質が結局、99年に日産を倒産寸前の危機に追い込み、ルノーからの資本注入なしでは生き残れない結果を招いた。そして、「救世主」カルロス・ゴーンの登場というわけである。

## 政治との距離が近い日産コンツェルン

日産の企業体質を読み解くため、まずは創業者のことから述べていきたい。創業者・鮎川義介は1880（明治13）年、旧長州藩士の子として生まれた。大叔父に明治新政府で大蔵大臣などを歴任した元勲・井上馨がいた（鮎川の母が井上の姪）。鮎川は若い頃、井上邸に住み込んで書生をしていたようだ。この井上との関係が鮎川を世に出すことになる。

　鮎川は東京帝国大学工科大学機械科を卒業。芝浦製作所（現東芝）を経て、鋳造技術研究のため渡米。帰国後の1910年、井上の支援で戸畑鋳物（現日立金属）を創業する。これが実業家・鮎川義介のスタートとなる。後年、日産では「政治案件」と呼ばれるプロジェクトが多く見られるが、政治との距離の近さは、創業時からの体質なのかもしれない。

　若い頃の鮎川についてはこんなエピソードが残っている。現在の福岡県東部、豊前市に矢頭良一という在野の発明家がいて、日本で初の自働算盤（北九州市立文学館に現存する機械遺産）を生み出していた。矢頭は03年にこれの特許を取得し、内務省や陸軍に販売。その資金で新たに飛行機開発に乗り出そうとしていた。ちょうどライト兄弟が世界初の有人飛行に成功した頃である。

　鮎川は07年、九州の片田舎から上京してきた2歳上の矢頭と知り合い、飛行機開発で意気投合した。ここでも井上のコネを頼って、いきなり矢頭と2人で当時の日本銀行総裁、松尾臣善のところに開発資金の提供を掛け合うために出向いたという。驚くことに、松尾はその場で2万円（現在の貨幣価値で約4億円）を渡したそうだ。

この2万円を元手に、矢頭は東京・護国寺の近くに飛行機のエンジンなどを試作する工場を設立したという。鮎川は後に日本経済新聞の「私の履歴書」（65年1月12日付）で矢頭のことを振り返り、「まれなる天才」と評している。しかし、鮎川は工場完成前に前記の鋳造技術研修のために渡米。米国から矢頭に飛行機関係の資料を送ったそうだが、矢頭は肋膜炎で倒れ、北里病院で治療を受けるものの、08年10月、30歳の若さで死去した。その後、鮎川は矢頭の親類の面倒を見たという。

矢頭の死から2年後、米国から帰国した鮎川は戸畑鋳物を創業、新興の実業家として台頭し、後に傘下に15万人を擁する日産コンツェルンを形成していく。日産は日本産業の略である。三井や住友が江戸時代から続いているのに対し、日産コンツェルンはまさに近代日本を体現した新興財閥であった。

この日産コンツェルンの流れを汲む企業は今でも残っており、「春光グループ（会）」と呼ばれることもある。日産自動車のほか、日立製作所、ＳＯＭＰＯホールディングス、ＪＸＴＧグループ（旧新日鉱グループ）、日本水産などだ。

現在も東京・芝公園に「春光会館」という会議室やレセプションルームを備えた迎賓館が残っている。井上と縁の深い明治の元勲・伊藤博文の次男の邸宅だったそうだ。日産は

90年代、経営不振に陥り、外資と提携交渉する際にはこの春光会館を使うこともしばしばあった。当時、筆者も日産首脳陣がそこから出てくるのを待ち伏せしていたことがある。

鮎川とは、現代の経営者にたとえるならば、ソフトバンクグループ会長兼社長の孫正義のような人物だったかもしれない。2人とも時代の先を読み、壮大な野望を抱いて、人脈を駆使しながら事業を拡大させていった。

## 満州を牛耳った「ニキ三スケ」

そして1933（昭和8）年3月、戸畑鋳物内に自動車部が発足、翌34年に日産自動車が誕生している。半年遅れの33年の9月、トヨタも豊田（とよだ）喜一郎が豊田（とよた）自動織機内に自動車部を作り、これがトヨタ自動車の源流となった。ちなみに、鮎川の妻である美代と豊田喜一郎の妻の二十子（はたこ）はいとこ同士だった。二十子の父は百貨店髙島屋の社長だった飯田新七、美代の父はその弟で髙島屋専務を務めた飯田藤二郎だった。

33年は日本の自動車産業が本格的にスタートした年と言ってもいいだろう。ただし、同時に日本が国際連盟を脱退した年でもあった。前年の32年には満州国が建国され、戦争の足音が近づいていた。このため、国防上、軍需品としての自動車の国産力を高めなければならなかった。この自動車産業の強化策を推進したひとりが、当時、「革新官僚」と呼ばれ、商工省の課長を務めていた岸信介。言わずと知れた現首相、安倍晋三の祖父だ。岸は35年には同省工務局長に就き、自動車産業から外資を排除することを狙った自動車製造事業法を制定した。

岸も鮎川も長州出身だったことから、2人は親密だった。岸は36年に満州に渡り、39年には大蔵官僚出身で満州国総務長官だった星野直樹の下で総務庁次長に就任。37年に鮎川も日本産業の商号を「満州重工業開発株式会社」に変更、財閥本社を満州に移した。当時の満鉄総裁は長州出身の松岡洋右、関東軍参謀長は東條英機。これら満州を牛耳る実力者5人は、その名前の一部をとって、「二キ三スケ（直樹、英機、義介、信介、洋右）」と称された。

鮎川は、岸らと組み、満州で工業化を推進した。しかし、運営方針を巡って関東軍とはそりが合わなかったと言われ、42年、鮎川は満州から帰国、満州重工業の経営から離れた。翌年には貴族院議員となり、東條内閣の顧問に就いた。

## 創業家不在の影響

そして終戦。鮎川はA級戦犯に指定され、巣鴨拘置所に勾留される。容疑は晴れたものの、鮎川はその後、日産グループの経営からは離れ、政治活動に傾いた。岸信介内閣の経済最高顧問などを歴任して、53年から59年までは参議院議員を務めた。

鮎川は、自分が産み落とした会社の社名に自分の名を付けることもせず、日産自動車に子息を入れなかった。だから日産には創業家出身者が在籍せず、サラリーマンが歴代トップを務める会社となった。一方、創業の時代も重なり、鮎川家とは遠縁だった豊田家は歩み方が違った。社名に創業家として名を残し、今でもトップに君臨し続ける。支配的な数の株式は保有しないものの、世界に約40万人の社員を抱える巨大企業グループ、トヨタを束ねる象徴的な存在だ。良い意味でも悪い意味でも求心力となっており、大企業を統治していくうえで、この求心力は不可欠だ。

日産でたびたび派閥抗争が起こったのは、創業家以外でもトップの社長になれるからであった。キャリアも実力も似た者同士が競い合い、時には足を引っ張り合ってきたことが内紛の火種となった。どこの企業でも創業家には功罪がある。典型的な罪は、能力が低いのに、創業家というだけでトップに立っているケースなどだ。ただ、創業家は、企業が窮地に立って全社一丸となって改革を目指さねばならない時などは、創業の原点に返って進むべき道を考えるという意味で、求心力となり得るケースが多い。

### 危機のはじまり――川又－塩路体制

鮎川が日産の経営から引いた後の日産の動きを見ていこう。このあたりから日産が1999（平成11）年に経営危機に陥った「伏線」が見えてくる。

トヨタもそうだが、戦後、日本の自動車会社は労働争議に悩まされる。トヨタでは50（昭和25）年に大規模ストライキが発生、創業者の豊田喜一郎が社長退陣に追い込まれた。トヨタの労働争議は収まったが、日産では争議が続いた。当時の日産労働組合が、左派色の強い日本労働組合総評議会（総評）系だったことも争議が長引いた原因だ。

53年、日産経営陣は総評系労組に対抗するために、会社寄りの第二労働組合を作った。その中心となったのが、日本興業銀行広島支店長から日産に常務取締役として転籍し、専務取締役となっていた川又克二だった。川又は徹底抗戦し、社員の就業を拒んで賃金の支払いもしない「ロックアウト」をおこなって組合員を締め上げ、左派系労組を壊滅に追い込んだ。その結果、新しい第二組合が主流労組となった。

当時、日産の社長は浅原源七。理化学研究所から、鮎川が創業した戸畑鋳物に転じた人物だ。戦時中の一時期、日産自動車社長を務め、公職追放になって日産の経営からは一時離れたが、その後、51年に社長として復帰。学者肌のトップと言われた。浅原は川又の強引な手法を嫌い、労組対策が一段落すると、川又を子会社のトラックメーカー、日産ディーゼル工業に追い出そうとした。

この人事構想をキャッチした新労組が今度はストライキを打って、「川又追い出し人事」に反対した。新労組は川又と協調して左派系労組を追い出したいわば「盟友」である。会社のトップ人事に労組が介入するという前代未聞の事件が起き、浅原はその人事案を撤回、57年11月に社長を辞任し、川又に本体の社長の座を譲ることになった。61年には新労組の委員長に塩路一郎が就任。川又－塩路の癒着関係が進み、役員人事も含めたあらゆる経営判断に労組が関与する企業体質になった。

この川又体制の発足が、40年後、日産を経営危機に追い込む遠因になろうとは、当時の日産関係者は誰も思っていなかったであろう。『欧米日・自動車メーカー興亡史』（桂木洋二著）は当時の日産についてこう説明している。

「川又は社長就任後2年ほどのあいだに鮎川系列の主要な人物を重要なポストから外すな

どして一掃し、ワンマン体制を築いていく。また、組合には借りができたことにより、（中略）労組の委員長に就任した塩路一郎が、独裁的に組合を動かすとともに重役陣の人事に口を出すことにも目をつぶらざるを得なかった。

　銀行出身の川又が日産のなかの権力を握ることによって、自動車のことをよく知る人よりも、川又に取り入る人たちが出世コースに乗った。日産の従業員は、締め付けの厳しい組合と上司に取り入って出世した人の狭間で働くよりほかになかった。こうした体制を批判するような人は、重要なポストから外されたので、優秀な人材を生かしきれない体制がつくられた」

　桂木が指摘する部分は、筆者が生まれる前の今から60年近く前に起こったことではあるが、筆者の目には新鮮に映る。川又を「ゴーン」にそのまま読み替えれば、ここ何年かの日産の状態にぴったり当てはまるからだ。

## 社長在任時に銅像を建立

川又のような経営をしていても、日本にモータリゼーションが起こったため、黙っていても会社はひとりでに成長した。そういう意味で川又はラッキーだった。1959（昭和

34）年に発売した「ブルーバード」がヒットし、その2年前に発売されていたトヨタの「コロナ」と繰り広げた熾烈な販売競争は、両車の頭文字を取って「BC戦争」と呼ばれた。

川又にはこんな逸話も残っている。社長在任中の61年に稼働させた新工場の追浜（おっぱま）工場（横須賀市）に川又の銅像が建てられたのだ。現役社長の銅像が建てられることは当時でも今でも珍しい。銅像は偉人の功績を称えるもので、その人が鬼籍に入った後に造られるケースが一般的だからだ。『日本における自動車の世紀』（桂木洋二著）では、「上司への追従やお世辞を使うことを天下に向かって承認することに等しい行為」と指摘されている。

さらに64年の東京五輪前後に高度成長の波に乗った日本では、モータリゼーションが加速し、ブルーバードやコロナよりもさらに小さな小型大衆車が必要になった。そこで66年、日産は「サニー」、トヨタは「カローラ」を市場投入、「マイカー元年」と言われた。ここでも両社は激しい競争を繰り広げた。

この年には、日産自動車にとって大きな経営の転換点となるプリンス自動車との合併があった。前年の65年には乗用車輸入の自由化が決まり、輸入車の関税率が徐々に引き下げられることになった。通産省（現経産省）は、輸入自由化によって外国車との競争が激しくなれば生き残れないメーカーが出ると判断、経営が悪化していたプリンス自動車の「嫁入り先」を探した。プリンスは、終戦まで軍用機を生産していた立川飛行機や中島飛行機の流れを汲む企業。当時の会長は出資者だったタイヤメーカー、ブリヂストンの創業者である石橋正二郎が務めていた。

石橋はまず、メインバンクが同じ住友銀行だった東洋工業（現マツダ）に合併を打診したとされる。しかし、断られたため、トヨタにも当たるが、同じ結果だった。最後に残ったのが日産だった。

石橋は日産への打診に当たり、自民党を動かしたと言われている。それによって、当時、通産大臣だった櫻内義雄が日産のメインバンク・日本興業銀行と住友銀行との仲介に動いた。石橋家は政治と近い距離にあった。正二郎の長女、安子は鳩山一郎（元首相）の長男である威一郎に嫁ぎ、由紀夫（元首相）と邦夫（元総務相）を産んでいる。

川又は櫻内からの打診を受けて合併を決めた。当時、プリンスの経営は悪化し始めていたのに受け入れてしまった。在任中に自分の銅像を建てるような社長である。経済合理性で判断するのではなく、政権に恩を売ることで、将来の勲章を期待しての判断だったであろうことは想像に難くない。

## 労組の印鑑がなければダメ

そして、プリンスとの合併の大きなファクターになったのは、塩路だった。

当時を知る日産ＯＢは言う。

「じつはプリンスとの合併を最終判断したのは川又さんではなく、労組委員長だった塩路さんでした。当時のプリンスは左派系の総評系労組だったので、その対策もあったからではないか。その頃から会社の重要な決裁文書は、塩路さんから印鑑をもらわないと、物事が前に進まなかった。上司からは『労組に行って印鑑もらって来い』とよく言われたものです」

合併という企業の重要な意思決定を、労組が事実上おこなうという企業体質に、日産はなってしまったのである。プリンスから引き継いだ工場や事業、たとえば、村山工場（東京都武蔵村山市）、航空宇宙事業、フォークリフト事業は、後にゴーンがすべて売却することになる。

プリンスとの統合によって、日産は規模の面ではトヨタに次ぐ日本メーカー2位の地位を確固たるものにするが、過剰な設備・人員を抱え込む遠因となってしまった。合併の翌

67年、川又は日本自動車工業会の初代会長に就き、栄華を極める。日本経済を牛耳る象徴として「日産、興銀、通産省」とも言われ始めた。夜の街「銀座」の繁栄は、日産の交際費が貢献した面もある。当時、日産の本社は東銀座にあった。

同年、トヨタでは「中興の祖」と呼ばれる豊田英二が社長に就任。政治や財界活動と一定の距離を置き、愛知県の三河地区に籠って堅実な手法でトヨタを成長させたのとは対照的だった。

## 石原「天皇」の登場

川又は1973(昭和48)年、社長の座を1歳下で人事畑出身の岩越忠恕(ただひろ)に譲り、会長に就く。それまで会長職を置いていなかったので、川又が初代会長になる。岩越時代は川又路線を継承し、労組との蜜月関係が続く。しかし、岩越体制は4年で終わり、77年に社長に就いたのが、唯我独尊的な性格で知られていた石原俊だ。川又は会長に留任する。

この石原が社長就任後、川又と同様に独裁色を強め、急拡大路線を取る。川又と違った点は、塩路一郎率いる労組との労使蜜月を断ち切ったことだ。このことで川又との関係もこじれ、83年に川又を相談役に退けるまで6年近く、日産社内には社長派と会長派、さらに「塩路労組」の3派が入り乱れて権力闘争を繰り返した。

筆者が日産を取材し始めた頃には、川又はすでに鬼籍に入り、石原も第一線から完全に退いていたが、経済同友会のパーティで石原に一度遭遇したことがある。それは、ルノーが日産に出資を決めた直後の99（平成11）年4月のことだった。「日産がルノーに買収されましたが、元社長としてどう思いますか」と単刀直入に聞いてみたところ、こんな答えが返ってきた。

「私が社長の頃はルノーなんか見向きもしなかった」

おそらく、私が社長だったら逆にルノーを買収していたとでも言いたかったのであろう。それほど石原は社長時代に海外企業の買収や提携戦略を繰り返し、日産を拡大させようとしていた。石原は社長就任後、「世界シェア10％」の目標を掲げた。国内販売ではトヨタに絶対に勝てないと判断した石原は、トヨタが三河地区に籠って国際感覚に疎いのをよいことに、グローバル戦略でトヨタを出し抜こうと考えたのだ。

80年にはスペインの自動車会社、モトール・イベリカを買収、独フォルクスワーゲン（VW）との提携（座間工場でVWの「サンタナ」を生産）を決め、81年には当時の英国首相サッチャーと英国工場建設の協定に調印した。

これら急激なグローバル化をすべて銀行からの借入金で対応した。借入金が膨張していることに当時は社内でも危惧する声があったそうだ。元幹部は振り返る。

「会議で借入金の多さのことが議論されだすと、石原さんはよく『日産の経理は銀行から金を借りて来ることだけを考えていればいいんだ』と一喝していた。石原さん自身が経理畑出身なので、借りても返せるとのソロバン勘定でもあったのでしょうか」

## 石原vs.塩路の戦い

この海外への拡大戦略を批判したのが、国内の仕事が減ることを恐れた塩路一郎だった。石原は1983（昭和58）年に塩路の後ろ盾でもあった川又を相談役に退けると、次の矛先を塩路に向けた。ここから、塩路と新たな「天皇」石原との壮絶なバトルが始まる。この争いは最終的には石原が勝つものの、陰険な戦いだった。石原は社内に「塩路対策チーム」を新設、塩路の身辺を徹底的に調査させ、女性問題を暴露させた。

それが、84年に写真週刊誌「フォーカス」に載った「日産労組『塩路天皇』の道楽―英国進出を脅かす『ヨットの女』」というタイトルの記事だ。この記事は、撮影場所の名前から「佐島マリーナ事件」と日産社内では言われた。ここは日産保有のヨットマリーナだ。

日産関係者によると、この記事は対策チームが仕掛けたもので、撮影現場では石原の指示を受けた広報課長が指揮を執ったという。塩路に「労働貴族」のレッテルを貼り、抹殺を図ったのだ。

その後、塩路は急速に力を失い、石原は塩路を労組関連のすべての役職から追い出すことに成功。87年に塩路は定年退職した。塩路は2013（平成25）年2月に亡くなるが、その半年ほど前に「遺書」とも言える『日産自動車の盛衰』という本を出版している。その中で塩路は「私自身の責任の問題を深く考えながら、ここにすべてを書くことで、自分の責任を取りたいと思っている」と述べている。

著書の中には興味深い記述がある。「幻のクーデター」という一節だ。それによると、石原は1955（昭和30）年、労使紛争が一段落すると、「川又は労働争議を解決したことでいい気になり、赤坂で遊びほうけている」と讒言。当時、川又は専務で、石原は43歳のヒラの取締役経理部長だった。興銀側にも川又退任の了承を取り、石原主導で、川又追放を企てた。石原は自分が40代で社長になることを目論んでいたという。

しかし、その目論見は見事に外れた。この動きを察知した、川又に近かった第二労組幹部が興銀頭取に直談判に及び、クーデターを阻止した。だから「幻」なのである。石原の

40代で社長になる夢は破れた。それから22年間、石原は表面的には川又に追従していたが、権力を掌握すると、川又、塩路を追い出したのである。

## 「ミスターK」への嫉妬と報復

今回のゴーン会長解任も一種の「クーデター」だが、筆者には、日産には権力闘争のDNAのようなものがあると思えてならない。そして、その手法の典型例が石原の取った行動ではないだろうか。それによって日産の凋落は決定付けられてしまった。

石原は、社内権力闘争で勝つためには手段を選ばず、成功したブランドも平気で潰した。その象徴が米国での「ダットサン（DATSUN）」ブランドを消滅させたことだ。このことは日産の凋落を語るうえでは欠かせない話だ。

2015（平成27）年に105歳の天寿をまっとうした片山豊という日産OBがいる。100歳になっても東京・自由が丘にある、おしゃれな自分のオフィスで、メディアに日産の歴史を説明する語り部でもあった。筆者も何度か足を運んだ。

片山は1960（昭和35）年に渡米し、日産の米国事業を立ち上げた。まだ日本車の評価が定まっていない時代に、米国に販売網を作り、そこから米国市場の情報を吸い上げ、日本にフィードバックし、車づくりに反映させた。

米国で17年間勤め、米国日産の初代社長、会長を歴任。「NISSAN」ではなく、「DATSUN（ダットサン）」ブランドとして日産車を米国のユーザーに認知させた功績が片山にはある。「フェアレディZの父」としても知られ、日米に片山のファンクラブが存在し、「ミスターK」と呼ばれた。ピュリッツァー賞作家、D・ハルバースタムの名著『覇者の驕り』の中でも、片山のことがかなりのスペースを割いて紹介されている。

日産がルノーと資本提携する直前の98（平成10）年、片山はその功績が認められ、米国の自動車殿堂入りを果たした。当時、日本人では、本田宗一郎（ホンダの創業者）、豊田英二（トヨタの中興の祖）、田口玄一（品質工学の開発者）に次いで4人目の殿堂入りだった。しかし、名誉なことであるにもかかわらず、日産は大きく発表しなかった。当時、片山のライバルだった石原が存命だったことに日産が配慮したと言われている。

片山と石原は同世代でソリが合わず、社内では常に対立していた。米国事業を巡っても、石原は米国日産の本社を経済の中心地であるニューヨークに置こうとしたが、片山は日本から船で運んでくる車を管理しやすいように、西海岸のロサンゼルスに置くことを主張した。「お客様に納車した後、事故を起こすかもしれない。人間が医者と薬を必要とするのと同様、クルマも完全な部品供給とサービス提供が不可欠なので、陸揚げした場所に近い所に本社を置きたかったし、ロサンゼルスは横浜とは、じつは一衣帯水と言っていい位置関係にある点も重要であった」と片山は振り返った。これについては、片山の意見が通った。

片山は米国市場を徹底調査し、東京の本社に米国市場に合うようにクルマの改良を要求した。67（昭和42）年に発売した「ダットサン510（日本名・ブルーバード）」は北米市場向けのみパワーアップさせてエンジンを1・6リットルにした（日本では当初1・3リットル）。それによって販売数量が伸びた。

しかし、この「510」でも、あと一歩の伸びが足りなかった。「ダットサン」はまだブランドとして認知されていなかったからだ。片山はこの「510」をベースにスポーツカーを造れば米国で売れると判断、本社に提案した。それが「ダットサン240Z（日本名・フェアレディ240Z）」である。

70年、米国に「ダットサン240Z」が届いた。片山は見た瞬間に「大成功間違いなし」と思ったという。本社は年間2000台程度という予測を立てたが、片山は、4000台は売れると思ったそうだ。実際、70年代半ばになると、6000台近く売れた。

「Z」は米国市場で受け入れられ、多くのファンが生まれた。この「Z」のおかげで、米国で「DATSUN」の名前が有名になった。「日産」は知らなくても「ダットサン」なら知っている人が増えた。

75年、ついに日産は米国の輸入車販売台数でトップに躍り出た。片山が目標にしていたVWを抜いた。渡米して15年の年月が経っていた。同年、片山は米国日産の会長に就くが、石原が社長になった77年、日産を去った。石原にとって、米国事業をどんどん大きくする片山が、自分の地位を脅かす存在に見えたのだろう。

そして石原は、片山退任後、米国で評価の高かった「DATSUN」ブランドを消滅させた。以降、日産の北米戦略は迷走し、トヨタやホンダが米国で利益をあげるのに、ブランド力が急降下した日産は、値引きしないと売れない赤字体質になってしまった。中国に追い抜かれるまで販売台数で世界1位の市場だった米国で、日産がトヨタやホンダに勝てない構図は、剛腕ゴーンをもってしても変えることはできなかった。

## 石原経営のツケ

米国戦略に限らず、石原が展開したグローバル戦略はことごとく失敗し、赤字の山を築いた。しかし、石原が責任を取ることはなく、1985（昭和60）年6月、会長に就いた。その2カ月前には経済同友会代表幹事となった。

石原が会長に就いた年、「プラザ合意」があり、急激な円高が進み、輸出比率が高かった自動車メーカーは構造改革を迫られ、日産は86年、上場以来初の営業赤字に転落した。しかし、その後に突入した「バブル経済」によって構造改革の進展は遅れた。日産も例外ではなかったが、同社は88年に出した高級車「シーマ」が大ヒットし、「シーマ現象」といった言葉も飛び交うようになった。

石原路線は破たんが見え始めていたが、「シーマ現象」がそれを覆い隠してしまった。石原は92（平成4）年、会長を退任して相談役に退いた。翌年にはバブルが崩壊し、いよいよ石原経営の馬脚が現われはじめた。

石原の後を受け継いだ社長は久米豊で、その次が辻義文だった。日産は92年度から95年度まで4期連続の最終赤字を計上。石原路線の負の遺産とも言える2兆円を超える有利子負債が足かせになっていたうえ、米国事業や国内販売の不振にも改善の余地は見られなかった。過剰設備と過剰負債で立ち行かなくなりつつあった95年、社長の辻は座間工場閉鎖を決めたが、出血は止まらなかった。

当時、日産ではトヨタに比べて部品の購入コストが高いと言われた。その要因は「甘えの構造」だった。日産は「系列企業」を役員や幹部の天下り先として利用した。系列側にしてみると、OBを受け入れた以上は当然うちから部品を買ってください、ということになる。コストや性能よりも人間関係が重視される取引となった。この結果、多少コストが高くても日産は目をつぶり、系列側もそれに甘えた。

クルマは2万点以上の部品で構成されている。そのうち7割近くが系列など外部からの調達だ。外部調達のコスト管理が甘いと、クルマの原価は一気に跳ね上がってしまう。こうした構造に日産の日本人経営者は「メス」を入れることができなかった。コストの高い系列を切ろうにも切ることができなかった。そこにはかつてお世話になった先輩がいる、面倒をみた後輩がいるといった具合に、合理性よりも義理や人情を重視しがちな日本人的なウエットな感情も影響していたと見られる。

辻の後を受けて96年に社長に就いたのが「最後のエース」塙義一（はなわよしかず）だった。塙は日産の主流と言われた人事、企画畑を歩み、米国日産勤務の経験もあった。しかし、96年度は、いったん黒字化したものの、97年度は再び最終赤字に陥った。自動車業界で「日産は倒産するのではないか」と囁かれ始めた。

## 資本提携交渉のはじまり

そして日産の経営危機を決定づけたのが、１９９７（平成９）年11月の北海道拓殖銀行と山一證券の倒産によって待ったなしとなった日本版金融ビッグバンだった。これまで湯水のように資金を貸し付けてくれた日本興業銀行自体が自らの生き残りを模索する時代に突入。要は日産どころではなくなったのだ。その後の２０００年、日本興業銀行は第一勧業銀行、富士銀行と経営統合、みずほフィナンシャルグループが設立されている。

塙は、外資からの資本受け入れなしには日産は生き残れないと判断、１９９７年頃から資本提携を模索し始める。まず塙は外資との提携など経営戦略を練る企画室の改革に手を付けた。

企画室長には取締役の鈴木裕が選ばれた。95年の日米自動車摩擦では渉外担当として日米交渉に関わるなど、グローバルな感覚が豊富なことを塙は買った。東大ボート部出身の体育会系で親分肌。東大出身ながらエリート臭をさせないどころか、塙に対して「『あんたは話が長いんだよ』と言えるような人で、ゴマすりが跋扈する日産では特異な人。徳川慶喜にずけずけと進言した勝海舟のような人だった」（当時の関係者）。

塙は鈴木に企画室の人選を任せた。これまで述べてきたように内部抗争が企業文化となっていた日産では、社内に複数の派閥があった。鈴木は、企画室のメンバーに、派閥に属しておらず一匹狼で仕事ができそうな人材をピックアップした。

その中の一人が、後に最高執行責任者（COO）となる志賀俊之で、企画室次長として鈴木に次ぐポストだった。志賀は大阪府立大卒で東大卒が多い日産の中では傍流のマリーン事業部やジャカルタ事務所で勤務してきた。特定の役員のひも付きでもなかったので、内部抗争に巻き込まれるリスクが低いと鈴木は判断したのだ。鈴木、志賀を含めて6人のメンバーが外資との交渉に向けて動き始めた。

## ダイムラーとの提携が消えたのはなぜか

日産の本社は東銀座にあったが、外資との提携交渉は極秘であったため、隠密行動のためのオフィスとして代々木駅から歩いて数分のマンションの一室が借りられていた。ミッションは日産本体への外資からの資本受け入れだけではなく、関連会社であるトラックメーカー、日産ディーゼル工業の外資への売却計画も重要だった。同社は当時、多額の有利子負債を抱えているうえに販売不振だった。日産はピックアップトラックの生産の一部を日産ディーゼルに移管して支援してきたが、日産本体の経営が火の車になったから、重荷となった日産ディーゼルの切り離しに動いたのである。

まず、売却先として独ダイムラー・ベンツと交渉した。ダイムラーはアジアのトラック事業を強化したいと考えており、日産ディーゼルに食指が動いたのである。

ところが、交渉中の1998（平成10）年5月6日、衝撃的なニュースが報じられた。ダイムラーと米国のクライスラーが合併交渉をしているというのだ。これが後に日産とルノー提携の導火線となる。

当時、日産の経営状況は切羽詰まっていた。日産ディーゼルを切り離し、本体にも資本注入しなければ10カ月後には債務超過に陥るのが確実という状況にあったのだ。本体の提携先はダイムラー、フォード、ルノーの3社に絞られていたが、日産ディーゼルをダイムラーに売却しようとする以上、本体の提携先も「本命」はダイムラーだった。

日産企画室のメンバーは代々木の隠れ家で、そのニュースをどきどきしながら見ていた。交渉相手が米国の企業と合併してしまうと、自分たちの交渉がうまくいかなくなるのではないかと不安になったのである。

さらに企画室員らを驚かせたのは、情報が外に漏れてしまったことだ。ダイムラーとクライスラーの合併交渉を報じるニュースが流れてから3日後の5月9日、ドイツ発の外電が、日産が日産ディーゼルの保有株式をダイムラーに売却する交渉を進めていると報じたのだ。これで日産と外資の提携はまさにオープンリーチ状態となってしまった。

日産ディーゼル株の売却交渉のニュースが流れた10日ほど後の5月20日、日産は「グローバル事業革新」と銘打った大規模なリストラ計画を発表した。その主な内容は、有利子負債を2兆5000億円から1兆円削減することや国内販売会社の統廃合、小さな本社による業務効率化や3年間で4000億円の原価低減といったものだった。当時の日産は本業が不振になると土地や株を売って含み益を計上し、赤字を補てんするという経営を続けていたが、それも限界に近づいていた。

しかし、リストラ計画を発表しても逆に格付け会社は日産の格付けを引き下げる見通しを示し、評価しなかった。それには大きな理由があった。日産は93年にも大規模な事業構造改革を打ち出したが、実現できたのは座間工場の閉鎖程度で、収益目標の達成計画や経営体質の強化策の多くは先送りされた。高コスト体質の主因と言われた系列部品メーカーや販売会社への「天下り問題」も抜本的な是正はなされていなかった。そのため格付け会社も「グローバル事業革新」の実現性に疑問符を付けたのである。そうこうしているうちに、いよいよ99年3月末までに8000億円の資本注入をしないと倒産は免れない状況に追い込まれたが、その後も日産はダイムラー本命で交渉していた。

ところが、報道から10カ月後の99年3月10日、ダイムラーのシュレンプ会長がビジネスジェット機で突然来日し、日産に対して交渉打ち切りを宣告してきた。ダイムラー側の表向きの理由は「クライスラーとの提携交渉を優先させたい」とのことだった。

しかし、真相は少し違った。当時の関係者が明かす。

「ダイムラー側は日産に1兆2000億円投資して、出資比率51%にする考えだった。良いクルマを造るためには部品メーカーが大事なので、系列を解体するのではなく、投資する資金で系列も再生してほしいというのがダイムラーの要望だった。日産側も、ダイムラーの子会社になる代わりに系列を再生できる案に魅力を感じていたが、社長の塙が絶対に受け入れられない条件が1つあった」

ダイムラーが日産に突きつけた条件とは、「これまでの経営責任があるのだから、交渉担当である鈴木以外の全取締役は辞表を提出すること」だった。もっともな理由である。

しかし、日産側の受け止め方は違った。「これに塙が激怒し、鈴木に『お前は裏切り者か』と罵声を浴びせた。この結果、ダイムラーとの交渉がこじれた」（同前）という。

すでにフォードは提携交渉から脱落してしまっていたため、日産に残された選択肢はルノーしかなくなった。いずれにせよ、ダイムラーとの提携交渉破談によって、日産はあと20日余で約8000億円を資本注入しなければ、倒産を回避できない絶体絶命の状況に陥ってしまった。

本命との交渉が破談になったことで米国の格付け会社は日産を格下げした。もし、日産が破たんすれば、自動車産業は多くの下請けを抱えているため、雇用などの面で日本経済に大きな影響を与えかねない。所管官庁である通産省の与謝野馨大臣は3月12日の記者会見で、「基幹産業に対していたずらに不安を呼ぶような格付けはよくない。今回の格付けは不適切だ」と語った。一企業の格下げに大臣がコメントするのは極めて異例であるが、日本政府も日産の行く末を案じていたのだ。

### フランス政府が考える「貸し」の根拠

ダイムラーとの交渉が破談になったわずか3日後、塙がパリに渡航した。塙にとっては時間との戦いでもあり、到着して即座にホテルでもルノーの本社でもなく、空港内の会議室を借り切ってルノー側との交渉に臨んだ。そこまで切迫していたのだった。そして、電撃的に提携話をまとめることに成功した。

交渉が成功した背景には、フランス政府の後押しがあった。ある日産関係者が明かす。

「じつはルノーは2000億円程度しか資金を出せず、日産が求める8000億円には足りなかった。そこでフランス政府が裏書き（保証）をすることで、やっと資金調達の見込みがついた」

ルノーはもともと国営企業である。ルノー会長（当時）のシュバイツァーは元仏財務官僚で、ファビウス首相の下で官房長も務めた経歴から政府には太いパイプがあった。これが、今でもフランス政府やルノーが日産に対して「貸し」があると考える根拠である。

激化する国際競争の中で単独でルノーが生き残れる保証はなく、フランス政府にとっては一国の基幹産業のグローバル化を支援する狙いもあった。日産にはルノーにはない技術や、米国やアジアなどの市場があった。これも、これから協業を展開するルノーにとっては魅力的だった。

塙の渡仏からちょうど2週間後の1999（平成11）年3月27日、両社の提携が正式に発表された。塙とシュバイツァーが東京・大手町の経団連会館で共同記者会見に臨んだ。筆者ももちろん出席した。ルノーから36・8％の資本を受け入れ、日産が発行する新株引受権付き社債（ワラント債）をルノーが引き受けることなどが決まった。

この他にも日産は欧州の販売金融会社をルノーに売却した。これで日産は一気に8500億円を超えるキャッシュを手に入れ、再生に向かう足掛かりを摑むことができた。その代わり、ルノー副社長だったカルロス・ゴーンを経営トップ級で迎えるほか、日産の弱点だった商品企画と財務担当はルノーから派遣される役員が担うことになった。提携の相乗効果を出すために、購買物流や車両開発などの分野で改革を担当する共同チームも発足することになり、「ゴーン改革」の下地作りができた。

会見でシュバイツァーは「ルノーの人間が日産の再建をするわけではない。日産グループ14万人がすることだ」と述べ、日産に自助努力を促した。塙も「白馬の騎士がいるわけではない」と自力再建を誓った。さらに「寿司にはシャルドネが合う」とも語り、日本とフランスの代表的な食文化がマッチすることにたとえ、2つの企業文化を融合させ、再生に向かうことも強調した。

当時、日本を代表する名門企業が外資の軍門に降ることに、冷やかしめいた批判があったことも事実である。しかし、この資本受け入れがなければ、多くの従業員が路頭に迷うことになっていたであろう。

これまで述べてきたように、日産は労使の不健全な癒着や下請け企業との馴れ合いに起因する高コスト体質、官僚主義などが原因で、86年に上場以来初の赤字に転落してからは、バブル期を除き、経営悪化の一途をたどっていた。

「うちのような大企業を潰すはずがない。銀行や役所が手助けしてくれる」といった安易な名門意識に胡坐をかいて危機感を欠き、歴代の役員が抜本的な対策を怠った結果、「病状」が進行し、大きな「外科手術」をしなければ生存できない状態にまで追い込まれていたのだ。腐り切った企業が一発逆転で再生するには、一時的には批判を浴びようとも、過去を全面否定するような大胆な再建策を受け入れないと、真の再生には結びつかないのである。

そして、この提携は企業の再編でよくある、強い者が弱者を呑み込むM&Aではなく、対等な立場で、技術や人材など経営のリソースを持ち寄ることで、国際競争の中で生き残りを図る「アライアンス（同盟）」と位置付けられた。だが、いくら言葉で「対等な立場」とは言っても、資本の論理からすれば、ルノーの優位は明らかだ。「対等の精神」といった方が正確だろう。

## ゴーンが乗り込んできた

そして、日産再建を託されて乗り込んできたのが、ルノー副社長だったカルロス・ゴーンだった。

ゴーンは1954年、レバノン人の両親のもとブラジルで生まれた。ブラジルで生まれたのは、レバノン人だったゴーンの祖父が移住していたためだ。しかし、その後すぐに祖国に戻り、幼少期から高校までをレバノンのベイルートで過ごす。大学はフランスの理系のエリート養成校に進んだ。

幼いころから異文化、異言語、異民族の中で育ってきた。ゴーンは次のように語っていたという。

「私が最も大切にしている価値観は、多様性の中にあっても、自分のアイデンティティをしっかり保つこと」

価値観が違う社会でも、自分の存在感を際立たせる。生き抜くためには、それが重要だということだ。

大学卒業後、ミシュランに就職。30代でブラジルと米国の現地法人トップを務め、96年には過剰な設備と膨らんだ人員で苦しんでいたルノーにヘッドハンティングされた。そこでゴーンは大リストラを断行し、見事にルノーを蘇らせた。自らの存在感を際だたせるため、必死に働いていたのだろう。

いよいよその剛腕が日産の「救世主」としてやってきた。

# 第三章　リバイバルプランとV字回復　1999～2005年

コストカッターの威力は凄まじかった。1年前倒しで目標達成、過去最高益……日産は見事によみがえったかに見えた

## ゴーン改革はじまる

1999年3月、日産自動車はルノーから36・8％の出資を受け入れ、外資の傘下で再建を図ることを決めた。そしてルノーから送り込まれてきたのが副社長だったカルロス・ゴーンだ。ゴーンは同年4月に来日し、6月の株主総会で取締役に選任後、最高執行責任者（COO）に就いた。

ルノーとの提携を決断した社長の塙義一が最高経営責任者（CEO）だったので、ゴーンは日産社内でナンバー2の地位となったが、塙は社業に口出しするつもりはなく、ゴーンにすべて任せることにした。自身は、ゴーンが改革を進めることで起こる「摩擦」の解消役として黒子に徹するつもりだった。それゆえ、ゴーンが事実上の経営トップになったと言っていい。

ゴーンが日産を支配した99年から2018年までの19年間を、中期経営計画をベースに大きく3つのフェーズに分けてみていくと、ゴーンが何をやってきたか、日産の体質がどのように変貌していったのかが見えてくる。

本章では、その第一フェーズである、リストラ中心の「リバイバルプラン」（2000〜01年度）と、その後の成長戦略を目指した中期経営計画「日産180（ワンエイティー）」（02〜04年度）までの期間において、ゴーンがどのように経営判断をし、どのように経営テクニックを駆使したか、さらに、それを受けて社員たちがどう頑張ったかについて述べていく。筆者としては、日産復活の「軌跡」と企業文化の変化を描ければと思っている。

ゴーンがまず取り組んだのがクロスファンクショナルチーム（ＣＦＴ）の設置だった。日本語に訳すと機能横断チームとなる。日産が経営危機に陥った要因の一つが縦割り組織の弊害だった。それまでの日産は、自動車メーカーにおける主要機能である、開発、生産、購買、販売といった部門がそれぞれ、「車が売れないのは技術が悪いからだ」「いや、コストが高くて営業力がないからだ」などと責任を押し付け合ってきた。ゴーンが来るまでの日産の経営トップは、部門間の利害関係を調整し全体最適を図る能力に欠けていたと言わざるを得ない。それが原因で意志決定と実行が遅れた。こうした風土にゴーンはメスを入れることにしたのだ。

「財務コスト」「購買」「研究開発」「製造」「組織と意志決定のプロセス」「販売・マーケティング」「一般管理費」「車種削減」「事業の発展」といった解決されるべき課題ごとに9つのＣＦＴを設置。「パイロット」と呼ばれるチームリーダーはほとんど40代の課長クラスに任せた。各チームは関係する複数の部門から人材を集めて構成した。部門最適ではなく、全体最適を目指したのである。後に発表される「リバイバルプラン」の原案は、このCFTが作った。当時を知る関係者はこう語る。

「日産には上層部に行けば行くほど派閥争いがあって、経済合理性に基づく判断ではなく、人間関係に影響された意志決定がおこなわれる傾向があった。競合他社と向き合って現場の最前線で仕事をしている30代や40代からしてみれば、やるべき課題は見えていたが、上層部が改革案を採用しないか、その改革案を骨抜きにしてしまう。中でも若手が怒っていたのは、自分たちが考えたアイデアを『課長ごときが』と言って無視した挙句、高い金を払って外資系コンサルタントに作らせた机上の空論にしか見えない計画を重宝していたことでした」

ゴーンは日産のこうした「病巣」を見抜いて、あえて「課長ごとき」に任せたのである。後の人事でもゴーンは、現場の指揮官とも言える50代の部長クラスを、入社年次で5〜6年分の階層ごとごっそり辞めさせるか、関連企業に追いやるかなどして、優秀な若手を引き上げられる素地を作った。

当時、筆者は「パイロット」の一人にインタビューをしたことがある。

「フランス料理を食べながらゴーンと話し合いをしましたが、矢継ぎ早の指示で料理が喉を通りませんでした。世界の企業の事例を挙げながら、こんな取り組みを日産でもできないだろうか、といった具合で、自分で多くの指標を持ちながら改革のネタをみずから提示する姿が印象的でした。これがプロの経営者なのかと思いました」

このＣＦＴはゴーン改革の代名詞の一つにもなったし、企業における課題やプロジェクトを進めていくうえで、各部門や各地域が多面的に議論、チェックする「クロスファンクショナル」という発想は徐々に日産の企業文化になっていった。

**強い企業の共通点**

話は少しそれるが、強い企業は似たような発想を採り入れているものだ。トヨタには新設した組織名に「ＢＲ（ビジネスリフォーム）」を冠するケースがある。１９９０年代初めの急激な円高とバブル経済崩壊によってトヨタの収益力が悪化した際、経営企画部内に「ＢＲ収益管理室」を置いたのが最初のＢＲ組織である。

そこでは、技術、購買、生産技術、製造、営業など会社の複数の部門から人を集め、車の設計や販売の方法などあらゆる仕事の進め方を見直した。小手先だけの改革で目先の利益を追うのではなく、企業体質そのものを変えるような改革を目指した。ＢＲ収益管理室は、一定の役割を終えた後に解散した。以降トヨタにおけるBR組織は、会社の課題に素早く対処する緊急プロジェクトチームのような位置づけとなった。

かつてシャープに勢いがあり、ユニークな商品を出していた頃は、1年から1年半の間で戦略商品を開発して素早く市場投入するために機能横断チームを設置する「緊急プロジェクト制度」がうまく機能していた。通称「緊プロ」と呼ばれ、社内に常時10チーム程度存在していた。事業部門ごとの通常の商品開発体制とは別に複数の部門から最適な人材を集めた、社長直轄で部門の壁を超えて新商品を開発するチームで、電気技術とナノテクやバイオなどの技術を融合させて新商品開発を目指したという。

ヒット商品となった大型ハイビジョン液晶テレビや除菌イオン空気清浄機も、この「緊プロ」から生まれた新製品だった。その後、「緊プロ」活動にあまり力を入れなくなったことが、シャープの凋落を招いた一つの要因と見られている。

## ゴーンの几帳面な性格

日産のCFTは1999年7月に正式に発足し、同年10月18日に発表した「リバイバルプラン」の中身をわずか4カ月足らずで完成させた。

その発表の記者会見に、朝日新聞経済部の日産担当記者（当時）として筆者は臨んだ。印象に残っているのは、ゴーンがプレゼンテーションをするために映し出された画面には「診断」という文字が刻まれ、88年から98年までの過去11年間の業績を徹底分析していることだった。

グローバルシェアは、ピークだった91年の６・６％から最低となった98年の４・９％までの流れが分かるように折れ線グラフで提示。同様にグローバル生産台数も、最高だった91年の３０８万台から最低だった98年には２４６万台にまで落ちたことが折れ線グラフで示された。「当期損益」は棒グラフで示され、11年間で6回赤字だったことがすぐにわかるようになっていた。こうしたことを踏まえて、ゴーンは「利益追求の不徹底、顧客指向性の不足、危機意識の欠如などが業績不振の原因であり、これを修正すれば再生の可能性が大である」と説明した。

そして、このリバイバルプラン策定に当たり、日米欧で２００人が直接関与し、２０００件のアイデアの提案を受け、そのうち４００件を承認したことも記者会見で明かした。策定のプロセスを明確にすることで、再建計画に説得性を持たせるとともに、自分たちで作ったプランだから実行責任があることを訴えたかったのであろう。パイロットや社員たちの目には、経営再建を外資のコンサルタント会社に依頼しようとしたこれまでの経営者とは全く違うように映った。

この時、ゴーンは数字を根拠にする経営者だと筆者は感じた。ゴーンは性格的に几帳面なのだろう。余談になるが、ゴーンの妻（後に離婚）だったリタ・ゴーンが著した『ゴーン家の家訓』の中で、夫婦生活のことが紹介されている。

「彼は几帳面でなんでもきちんと整頓されていないと気がすまない」

「結婚当初、カルロスは私への注文をいろいろ書いたリストをつくった。私が忘れがちなことや、家族のためにしなければいけないことなどだ。

素直な新妻だった私は、リストにあることを全部やり遂げようとした。彼を心から愛していたし、とことんやらないと気がすまない性格なので、夫の注文をすべてこなそうと一生懸命だった。でも、どんなにがんばってもできないことはある。そこを彼がいちいち注意するのが私には苦痛だった」

## 「コミットメント」という考え方

話を戻そう。「リバイバルプラン」には多くのリストラ策が盛り込まれた。生産能力の適正化を掲げて、村山工場や日産車体京都工場（京都府宇治市）、エンジンなどを生産する久里浜工場（横須賀市）など5工場の閉鎖が決められた。ここでも明確な数値目標が示され、工場閉鎖によって２００２年までに稼働率を53％から77％に引き上げることが謳われた。

このほかにもグループ従業員の14％に当たる2万１０００人の削減、コストの6割を占める部品調達では購入先を１４１５社から６００社へ絞り込むこと、宇宙航空部門など本業以外の事業の売却など、総額１兆円のコスト削減を目指した。その規模や大胆さ、波及効果の大きさなど、どれもセンセーショナルなものだったが、ゴーンの指導の下、ＣＦＴのメンバーである日本人社員が生き残りをかけて振り絞った「知恵」の結集でもあった。

そしてゴーンは「３つのコミットメント」という言葉を掲げた。今でこそコミットメントという言葉はダイエットのＣＭにも使われ、「結果に責任を持つこと」だと多くの人が理解できるだろうが、当時はメディアもどう訳すか迷い、「必達目標」と表現した。このコミットメントという考え方もゴーンが日本企業に持ち込んだものだ。

その３つの必達目標とは、01年3月期までの黒字化、03年3月期までの営業利益率４・5％以上の達成、そして有利子負債の50％削減である。ゴーンは「黒字化できなかったら責任を取って退任する」と宣言した。

日産に限らず、当時の日本企業は株式の持ち合いにより、株主からの「規律」が働きにくかった。経営は「ぬるま湯」になりがちで、経営責任は大きな不祥事でも起きない限り、棚上げにされる風土があった。ゴーンはそうした風土にもメスをいれることにしたのだ。

## 「コストカッター」の真髄

「リバイバルプラン」発表からほぼ1カ月後の1999年11月22日、日産は2000年3月期決算の通期業績見通しで5900億円の当期赤字を計上すると発表。当時、日本の製造業としては過去最大の赤字と言われた。リバイバルプラン実施に伴う構造改革のための巨額の特別損失を計上したからだった。財務担当常務だったルノー出身のムロンゲは「過去を清算し、将来の再生に向けて必要な赤字」と説明した。この構造改革ですっかり膿を出し切ったということだ。

部品を供給する下請け企業の「系列破壊」や事業売却もすさまじい勢いで進んでいた。ゴーンは「コストカッター」の異名を持つようになった。リバイバルプラン発表直後の動きを見ると、こんな具合だ。

### リバイバルプラン発表後のおもなリストラ

| | |
|---|---|
| 1999年10月 | 北米の情報システム部門をアウトソース |
| 2000年 3月 | 富士重工業株売却 |
| 4月 | 宇宙航空事業部を売却<br>ランプ大手・市光工業株を売却 |
| 6月 | 国内の情報システム子会社を売却 |
| 7月 | 系列最大手のカルソニックカンセイ株を一部売却 |
| 8月 | 樹脂タンク生産部門などを売却<br>シート生産の池田物産株を売却 |
| 9月 | 設計ソフト子会社を売却<br>プレス部品のヨロズ株を売却 |
| 10月 | 樹脂部品の日本プラスト株を売却 |

※2000年10月31日付朝日新聞朝刊から引用

ランプ大手の市光工業は清水一行の小説『系列』のモデルになった企業でもあった。この「系列」が日産の天下り先となり、受け入れた側も高コストの部品を売りつけるという甘えの構造の温床である以上、過去の経緯は関係なくこの構造を破壊すべきとゴーンは判断したのだ。

　こうした大胆なリストラに加えて、日産は部品メーカーとの仕事の進め方を大きく変えた。「3－3－3推進活動」と言われるものだ。リバイバルプランの実行期間の「3」年間に、購買、開発、部品メーカーの「3」者が一体となって、日本、アジア、欧米の

「3」地域でコストを絞り込む活動だ。「3－3－3推進室」があったテクニカルセンター（神奈川県厚木市）で、電子、内装など6グループの製品群ごとにいる購買の担当者と技術者が机を並べて仕事をしている現場を、筆者は取材したことがある。この推進室には、他社のクルマを分解して部品の構成やコスト構造を日産車と比較するチームもあった。

購買、開発、部品メーカーが一体となってクルマを開発していくことは、トヨタなどでは「常識」の範疇に入るが、前述したように日産は縦割り組織で、こうした組織は存在しなかった。これも、外部の下請け企業までを含めたクロスファンクショナルな活動と言えるだろう。

## ワーカホリックな「セブン－イレブン」

そして驚くべき日がやって来た。「リバイバルプラン」発表から1年後の2000年10月30日、ゴーンが記者会見し、01年3月期決算の通期業績見通しで当期利益が過去最高の2500億円になると発表したのである。筆者も記者会見に臨んでいたが、この数字が開示されるなり、記者会見場から飛び出してデスクに第一報の電話を入れた。「1面のスペースを空けておいて下さい！」。まさか1年後にこれほどまでの急回復をするとは思ってもいなかった。

過去最高益の要因は北米での販売増やコスト削減による効果だった。「リバイバルプラン」の効果が即効で現れたのだ。前年に巨額の引当金を積めば、翌年はV字回復しやすい財務テクニックがあることも後に分かったが、倒産寸前だった会社がわずか2年後に最高益をひねり出すとは、驚き以外の何物でもなかった。朝日新聞社は翌日の朝刊1面トップでこの大ニュースを報じた。

V字回復を受け、筆者は01年5月、ゴーンの一日を追う取材ルポをした。朝7時40分には会社に出勤し、当時、東銀座にあった日産本社15階の執務室に向かい、自分で自分の部屋のカギを開けていた。そして8時ころまでは今日やる仕事の優先順位を考える。即決即断のケースが多いため、机の上にあった決裁書類を入れる3つの箱はすべて空だった。部下が報告文書を持っていくと、書類を破りながら「君だけが頼りだ」と言うこともあった。「君を信用しているから、書類など不要だ」という意味だ。

当時の関係者は「厳しいリストラなどを繰り返してきたので、悪口を言われるのは慣れているが、親しみやすさが足りないと言われることをゴーンは気にしている」と語った。

夜も遅いと11時くらいまで働いていた。目的が明確ではない会食はすべて断るとのことだった。ゴルフも嫌いだった。ほぼ一日をゴルフのためだけに使うことが、彼流の考えでは無駄なのだそうだ。ワーカホリックのように早朝から夜遅くまで働くので「セブン－イレブン」とあだ名が付いたほどだ。

この取材の時にゴーンにいまどんな思いで働いているかと聞いたら、「社員や株主が誇りに思える会社にしたいし、日産で働くことが社会や家族に貢献していることになると分かるようにしたい。やることはまだまだある」との返事が返ってきた。

リストラだけではなく、ゴーンは攻めの姿勢にも転じた。01年には約1000億円を投じて米国ミシシッピ州に新工場を建設、ブラジルでもルノーと共同運営する新工場の建設を手掛け、02年に入るとスズキからのOEM供給による軽自動車への参入を決めた。03年には他社に比べて遅れていた対中国戦略にも手を付け、東風汽車との合弁生産を始めた。矢継ぎ早に打ち出す成長戦略も日産の復活を印象付けた。

リバイバルプランは当初02年度までの3年間だったが、1年前倒しで目標をクリアした。3つのコミットメントもすべて達成。02年3月期に3723億円の当期利益を計上、営業利益率も7・9％になった。有利子負債は54％削減した。

リバイバルプランに続いて、リストラから反転して成長を目指す新中期経営計画「日産

180」（02〜04年度）を策定。この中期経営計画では、グローバル販売台数の100万台増、営業利益率8％の達成、有利子負債ゼロ（自動車金融事業を除く）をコミットメントとして掲げ、すべて達成させた。04年3月期には営業利益率11・1％を記録。これはゴーンが君臨した19年間で最高値だ。今から思えば、この頃のゴーンが経営者としてはピークだったのかもしれない。

世間の見方も、リストラへの反発はあったが、ちょうど01年に首相に就任した小泉純一郎が掲げたスローガン「構造改革なくして景気回復なし」と相まって、ゴーンがやった「痛みを伴う改革」は肯定的に捉えられた一面もある。

このゴーン改革についてライバル企業はどうみていたのか。00年に当時トヨタの会長だった奥田碩に聞いてみたことがある。

「ゴーンと一緒に食事をしたが、トヨタの役員では私が一番食べるのが早いのに、私よりも早かった。あれだけドラスティックなことは日本人経営者にはできない。解雇しようとしても社員や部品メーカーの経営者の顔や生活が浮かんでしまう。ゴーンはしがらみがないので大胆なリストラができるのだろう」

## 成果を出す改革

当時のゴーンの仕事ぶりは、単に数字を管理したり、リストラをしたりするだけではなく、自動車メーカーの生命線である商品開発にも積極的に口を挟むほどだった。

2000年1月に「プログラム・ダイレクター」という役職を設置したのは、その象徴的な動きだ。一人の「プログラム・ダイレクター」は、担当する車種群におけるデザイン、技術、製造、購買、販売など6部門に指示する権限を持ち、収益に対しての責任を負う。各部門の専門性を束ねて結果を追求するための役職であり、これは単にクロスファンクショナルな活動を促すだけではなく、収益確保も同時並行で追求するという狙いがあった。

長らく開発部門に在籍して日産とルノーの協業にも関わり、ゴーンに直接報告する機会も多かった元役員はこう証言する。

「確か01年頃でした。厚木市にあるデザインセンターで小型車『マーチ』の開発作業をしていたら、ゴーンが突然入ってきて、『リアランプをもっと大きくした方がいい』とか『クルマの色を増やせ』とか細かい指示をした。理に適っている指示で、この人はリストラだけではなく、クルマ開発への熱意も持っているんだと感じました。

そして、新車が出ると1年後に『商品競争力報告会議』があって、競合車種との性能比較、顧客満足度、価格戦略などが総点検され、関係者が一堂に集まって次の開発に活かしていくのですが、必ずゴーンはそこに来て細かい質問を投げかけていました」

この頃はルノーとの協業もうまくいっていた。

「日産とルノーで同じような車格のクルマに使う方向指示器のコストを調べたら、日産はルノーの4倍でした。ルノーを参考にして、こうした点を改善していきました。当時はお互いが学び合うという姿勢を大事にしていた」（同前）

ゴーンが来日して05年くらいまでの間は、ゴーンは単にリストラをしただけではなく、これまでの日産流の仕事の進め方を健全に破壊し、新たな企業文化を植え付けようとしていたように筆者の目には映る。ゴーンも日産の経営の回復と反転攻勢に自信を持ち、筆者のインタビューに「経営は科学ではなく職人芸だ。経験を積めば積むほどうまくなる」と答えた。

## 「聞く姿勢」を強調

ゴーン流の経営スタイルの特長は、これまで紹介したクロスファンクショナルやコミットメント以外にもまだある。ここでは3つを紹介する。

まず、ゴーンは「組織内コミュニケーション」という視点でも組織を改革してきた。グローバル化が進展している中では、国籍や言語、価値観までもが違う多様な人材と働く機会が増えるため、様々な社員の考えを吸い上げると同時に自分の考えを正確に伝え、会社を一つの方向にまとめていくことを重視したのである。

2004年頃、日産の幹部がこう語ったことがある。

「ゴーンが来て、最も変化した社内システムが社内コミュニケーションの手法。各職場にモニターが1台ずつ配置され、社内システムと繋がり、経営計画や決算など重要な対外的な発表は、すべてこのモニターに映し出せる。社員はゴーンの考えをライブで聞くことができるようになった」

フランス語やアラビア語、ポルトガル語など5カ国語ができるというゴーンは、スピーチ映像をビデオに撮り、遠国の南米や中東などにも送ることがあったという。

以前の日産社員は、新聞やテレビで会社に関しての話を初めて知ることが多かったが、その頃のゴーンは発表の前に必ず幹部社員を集めて、その狙いなどを説明していた。そのため会社の意思決定とそのプロセスが瞬く間に社内に伝わるようになった。これは、あたかも滝（カスケード）が流れ落ちるように伝わることから「カスケード・コミュニケーション」と呼ばれた。

ゴーンの信条の一つが、コミュニケーションでは、話す内容に優先順位をつけて最小限に抑え、正確にシンプルに伝えることだ。ゴーンの自著などによると、レバノン在住の学生の頃、尊敬していた神父から「プロは複雑な物事をシンプルにするが、アマチュアは複雑なことをより複雑にしてしまう」と教わったことを教訓にしているという。

当時のゴーンは、聞く姿勢を強く打ち出していた。「とくにネガティブな情報が知りたい。話すよりも2倍の量を聞かなければならない」と語っていた。「ヘルシー・コンフリクト（健全なる対立）」の重要性も社内で訴え、多様な価値観の尊重、トップに対する意見具申などを求めた。いろいろな意見が出て、ぶつかり合って、そこから新たな案や価値が生み出されるとの考えからだ。

経営者が何を考えているかが末端にまで直接伝わらないと、危機意識が共有できない。ゴーンが来日した当初、日産は経営危機から完全に脱出できたわけではなく、社員に会社の置かれた現状を開示することで危機感をもたせる狙いもあったようだ。その前提として経営者も現場からの声を吸収しないと判断はできない。経営危機にある会社は、このコミュニケーションが悪くなり、動きがもたつく。そこにもゴーンは「メス」を入れたというわけだ。

## 「人柄や忠誠心は後回し」

次に人材発掘のシステムも大きく変えた。ゴーンは来日直後の1999年9月、ノミネーション・アドバイザリー・カウンシル（NAC＝人材開発委員会）を設けた。メンバーはゴーン、副社長、人事担当役員だった。海外の子会社も含めて部長以上の管理職の人事や評価を一元化する狙いだ。こうした制度は今でこそ珍しくないが、20年近く前の日本企業では斬新な制度だった。

この時にも筆者はゴーンにインタビューした。

「NACの会議室には世界中の管理職の経歴や顔写真が張り付けてある。すぐに昇格させる対象者を思い出せるようにしている。これまでのような『あいつはできる』といったあいまいな評価はやめ、過去の実績と将来期待できる実績をもとに人材起用をしていく。年齢も性別も関係ない」

そして最も印象に残ったのが「人柄や忠誠心は後回し」という一言だった。これは数字（成果）を出せる人材の昇格を最優先するという意味だ。

このNACをうまく機能させるために置いた役職が「キャリアコーチ」だ。常に6人ほどいて、人事部に在籍しながらも人事部長の支配下ではない独立部隊という位置付けで、「社内ヘッドハンター」「社内隠密」と呼ばれることもあった。

「社内隠密」と呼ばれた所以は、若くて将来有望と見られる人材に対して、その上司に内密でアプローチするからだ。能力が高くても、上司と折り合いが悪いために評価が低いケースもある。あるいは成果主義の導入で、上司が自分の成果を出すために、優秀な部下の将来のキャリア開発を考えずに手元に囲い込んでいることもある。このような人材を埋もれさせないためにチェックする使命も「キャリアコーチ」は持っている。ゴーンは「社員は上司のものではなく、会社のアセット（資産）だ」と指示を出した。

キャリアコーチは、人事の専門家ではない。企画、開発、営業などビジネスの最前線で部長職などを歴任した仕事師たちだ。彼らは、英語が堪能で、世界を飛び回っている潜在能力の高い人材と面接し、リストアップする。また、取締役会以外の社内のすべての会議に出席できる権限を持っていた。そして、新規プロジェクトのリーダー役の推薦を求められれば、即座に適任者をピックアップして、NACに上申した。

この組織は、後にリージョナル（地域）NAC、ファンクショナル（機能）NAC、コーポレートNACの3つに分かれ、地域ごと、生産や開発などの部門ごとに優秀な人材をクロスチェックでノミネートしていった。地域と部門で意見が食い違う場合は、毎月1回開かれるコーポレートNACで判断した。

キャリアコーチの一人は「今の日産が取り組むべきビジネスや課題の優先順位を頭に入れておき、必要な人材を求められればアサイン（任命）できるようにしている」、別のキャリアコーチは「経営判断を肌で感じながら、その意思決定と一体化して人材起用をアドバイスするのが我々の役目。優秀な人材ほど出身部門が囲う傾向にあるが、人材は企業全体のアセットという考えを徹底させている」と語った。

キャリアコーチは世界を飛び回り、年間に300人程度の「幹部候補生」と面談していた。対象は35歳前後の課長クラスが中心という。リーダーとしてのやる気と人を引き付ける力があるかにポイントを置いて発掘していた。

このキャリアコーチの人材発掘によって、インドネシアの子会社の役員だった現地人を大抜擢し、ASEAN（東南アジア諸国連合）地域全体の戦略を立案するポストに起用したこともある。これまでの日産では考えられない人事だ。

じつは、当たり前のように見えるこうした機能が日本の大企業の人事部には備わっていない。「人事部は評価制度を作ったり、労組と交渉したりする仕事が中心になっており、人材とビジネスを結び付ける能力が低い傾向にある」と人事制度に詳しいコンサルタントは解説する。こうした逸材を発掘する能力の低さが、日本企業の競争力低下の要因の一つになってはいないだろうか。

要は、新規事業や課題を抱える事業に対して、対応能力のある人材を全社横断的に発掘して経営陣にその起用を推薦するノウハウを、日本企業の人事部がほとんど持たない結果、安易なリストラによって人材も含めて事業ごと売却するなど「宝の山」を自ら捨てているケースが多いのだ。

### 「健全な摩擦」の効用

じつはゴーンが改革を進めていくうちに、社内では部門間の摩擦が増えたという。グローバルに事業が拡大したことに伴い、各地域の利害がぶつかり合う。たとえば、新車をどの工場で生産するかは、「社内入札」のような仕組みで決めて、コストの安い最適地生産を目指している。その際、コスト削減と品質向上のバランスをどう取るか、国内雇用をどう維持していくのかといったことで、外国人役員と日本人役員の間でせめぎ合いもある。

こうした問題を解決していくのも、リーダーとして見込まれた人材だ。

ゴーンの後にCOOに就いた志賀俊之はこう語った。

「今の日産は議論の段階でフリクションだらけだが、それは健全な摩擦。社内調整にものすごいエネルギーが必要な反面、最終的にはよい製品やサービスができるようになった。それが収益向上につながった。社内で仕事をしていて居心地がいいようでは駄目。競争が激しい市場に出れば、独りよがりは負けてしまいます」

ソニーの創業者である故・盛田昭夫も著書『MADE IN JAPAN』の中でこんな指摘をしている。

「日本の企業が協調とか合意(コンセンサス)を強調するのはいいのだが、一つ間違うと、それは個性の排除へつながりかねない。そういうことが起こるのを心配し、私は自分の考えをできるだけはっきり主張するよう奨励している。たとえそれが他の人たちの考えと衝突するとしても、やむをえないことと考える。なぜならば、そのぶつかり合いの中からさらに良いもの、レベルの高いものが出てくるからである。日本の企業では、個性的な社員を好まないために、協調とコンセンサスという言葉でごま化す場合がよくある。私はよくこんな憎まれ口をきくことがある。コンセンサスばかり強調する役員や管理職は、社員の才能を引き出し、彼らのアイデアを統合する能力が自分にはないと公言しているも等しいのだ、と」盛田も、「摩擦」を恐れていては企業は何も新しいものを生み出せない、と言いたかったのであろう。

摩擦を通じて会社の経営課題も明確に浮き彫りになる。かつての日産は、部門同士が足を引っ張り合い、結局は会社全体が沈没していくパターンに陥っていた。摩擦から新しい付加価値を生み出そうとする文化がなかったのである。しかし、ゴーンは、その摩擦を年齢や国籍に関係なくリーダーに選ばれた人材が解決していくシステムを作った。そのリーダー養成を陰で支えていたのがキャリアコーチと言えるだろう。

### 元祖「働き方改革」

3つ目はホワイトカラーの生産性向上だ。ゴーンはここにも注力し、昨今話題の「働き方改革」を先取りしていた。その生産性向上の活動を2001年から本格化させ、「Ｖ－ｕｐ推進活動」と名付けた。Ｖはバリュー（付加価値）の頭文字を取った。

日産の製造現場には「日産生産方式」という方法論が浸透しており、仕事が標準化されやすいようになっている。ところが、ホワイトカラーの職場では確立された方法論がなかった。それを改めていこうという活動でもあり、課題解決と意思決定を効率的に進めるためのチーム運営手法の確立に主眼が置かれた。

たとえば、会議は結論を出すための場と位置付け、効率的に運営するための社内資格「Vエキスパート」や「ファシリテーター」を設けた。そして、研修を受けた者しかその任に就けないようにしている。ノウハウはマニュアル化され研修のテキストにぎっしり記されている。

その任に就けば、会議運営が効率的になるように資料作成の指示などをサポートすることが求められた。同時に、サポートを通じて組織を見る目や束ねる力を養うことにもなり、人材育成としても有効だった。

今の日産では、会議の前にいつまでに結論を出すのかを明確に定め、予定外の議題は持ち込まないことなどが徹底される。細かい議事録も作成せず、ホワイトボードに決まったことを書き込み、それを携帯電話のカメラなどで撮ってメールで関係者に送る。議事録を作成している時間は付加価値を「生産」しているとは見なさないのだ。日産では業務の改革手法を知的財産と位置づけ、そのノウハウを外販している。

＊

１９９９年の来日以来、ゴーンが取り組んできた改革によって日産に新たな企業文化が芽生えた。

だが、２００５年に転機が訪れた。ゴーンはルノーのＣＥＯにも就いたのだ。日産ＣＥＯとの兼任だ。

権力の一極集中が始まった。それまでゴーンは日本に住んでいたが、パリに戻り、１カ月のうち３分の１ずつ、パリ、東京、ニューヨークで暮らすようになった。日本の販売や製造の現場に出向くことも少なくなった。

すでにそのころ世間では、日産を再建させた「カリスマ」「剛腕」といった評価が定着しつつあった。

しかし名声とは逆に、ゴーンの経営者としての力に衰えが見え始めていた。

# 第四章　蹪き（つまず）　2005〜11年

反動は突然やってきた。過度なリストラで疲弊する現場と
もの言わぬ幹部たち。数字のマジック頼みの悪循環が始まる

## ゴーンの「変調」

「リバイバルプラン」(2000~01年度)、「日産180」(02~04年度)と2つの中期経営計画でコミットメントを達成し、世間の評価も高まり絶頂期を迎えたかに見えたゴーンが、最初に躓いたのが3つめの中期経営計画「日産バリューアップ」(05~07年度)だった。

たとえば、世界販売420万台を掲げたが、377万台にしか到達せず、目標達成を1年先延ばしにした。ゴーンにとって初のコミットメント未達となり、陰りが見え始めたのだ。ここからが第二フェーズの始まりだ。

世界販売の目標を達成できなかった大きな理由は、04年10月から05年9月までの1年間で100万台増販という計画を立て、通常1年で投入する新車のペースを大幅に上回る6つの新車を販売することで無理やり計画を達成したことだ。これが尾を引き、後続車の開発が続かなくなった。要は、短期的な目標を達成するために市場の「先食い」をしてしまったのだ。

第三章で述べたが、01年頃にゴーンは開発の現場を度々訪れ、トップとしてクルマ造りに直接関わろうとする熱意を見せていた。新車発売から1年後に開かれる、競合車との比較や顧客満足度などを検討する「商品競争力報告会議」にも積極的に参加していた。

しかし、長らく開発部門に在籍して日産とルノーの協業にも関わってきた元役員は、07年頃にゴーンの「変調」に気づいたという。

「あれほど自分が大事にしていた『商品競争力報告会議』でもうわの空で聞いている感じで、私が報告したら、いつもは突っ込んだ質問をしてくるのに、『So, What?（それで何？）』と言われたことを記憶しています。

じつは当時、ゴーンは経営不振の米クライスラーの買収を計画しており、日産-ルノー-クライスラーの3社連合で世界最大の自動車連合を形成することを狙っていました。規模拡大しか頭の中になかったのでしょう」

もちろん、日産の経営への関心は薄まりつつあったとはいえ、ゴーンの経営判断力はまだ捨てたものではなかった。車両開発に関わった元幹部はこう語る。

「06年頃、SUVの2代目『エクストレイル』を出す直前に、デザインや外観をやり直すべきとの意見が社内で出始めた。やり直すと、発売を半年以上延期し、追加コストが50億円かかる。その検討会議に来ていたゴーンは黙って聞いていて、プレゼンテーションが終わると、『変更して売る自信があるならやりなさい』と即決しました」

さらに、07年に発売したSUV「キャシュカイ（日本名デュアリス）」が欧州で売れ始めると、ルノー側が日産に対して同じクルマを提供してほしいと頼んできたという。日産が単独で開発したクルマを売れば、開発費を負担せずに儲けられると思ったのであろう。ゴーンは「これは日産の収益を支えるクルマだからルノーには提供できない」と即座に要求を却下。当時の日産技術陣は、「さすがゴーンだ」と言って喜んだという。

しかし、「変調」は確実に訪れていた。筆者がゴーン改革の挫折を目の当たりにしたのは、07年4月26日に発表された同年3月期決算だった。05年からゴーンはルノーの最高経営責任者（CEO）を兼務しており、権力の一極集中が始まったころだ。

「私は06年度が日産にとって厳しい年になると申し上げましたが、残念ながら予想通りの結果となりました。想定していた逆風はすべて現実のものとなり、環境は厳しくなりました」

ゴーンは、スピーチの冒頭から敗北を認めた。いつもの早口で張りのある声ではなく、少し低いトーンでやや神経質な語り口。野心的でギラギラした、活力の塊のような男が、その時は自信なさげで、顔色も冴えなかった。

7年ぶりの減益。ゴーンが本格的に経営の指揮を執るようになって初の減益となった。

当時、筆者はゴーンに単独インタビューした。詳しくは161〜174頁の一問一答をご覧いただきたいが、明らかにゴーンの自信は揺らいでいた。

**コミットメント経営の限界**

一時は完全に復活したかに見えた日産で「異変」が起きていた。決算発表以降、筆者は1カ月近くかけて日産の拠点に出向き、多くの関係者にインタビューし、日産の現状について詳しく取材した。すると、「ゴーン改革」が限界を迎えつつあることを実感する「現場」にしばしば遭遇した。筆者にとって全く想像していないことばかりだった。

2006年冬のボーナス支給日に、その「事件」は発覚した。

「生産ラインで流れる車のボディーに意図的に傷が付けられたり落書きがあったり、蹴った足跡が付いたりしていて、現場は大騒ぎになりました。しかもその車は、日産が販売に非常に力を入れているものだっただけに、ショックは大きかった。こんなことが起こったのは、私が知る限り初めてです」

ため息まじりにそう打ち明けたのは、福岡県苅田町（かんだまち）にある日産の主力工場のひとつ、九州工場で20年以上勤務する、正社員の熟練工だった。

「ゴーンさんの『コミットメント経営』の影響でしょうかね。今の日産の生産現場からはチームワークが欠けてしまった。組織での縦横の連携が弱くなり、個人プレーに走る人が増えてきている」

彼によると、この「事件」が起こる前後から、ベルトコンベアが動くスピード（タクト）を調整するスイッチが、上司の許可なく何者かによって勝手に触られ、「タクトタイム」が意図的に遅くされるようなトラブルもあったという。

日産の生産現場には、「基準タイム」と呼ばれるものがある。例えば、ある部位のネジを締めるために必要な作業時間は20秒、といったようなものだ。

「実際にやれようがやれまいが、この『基準タイム』が短くなる傾向にある。さらに15人いた組を13人にしなさいと、上から頭ごなしに指示が来る。この1、2年は現場の負担は高まるばかりで、現実的に無理な要求も多かった。

しかし、現場にも『コミットメント』があるので、それを達成するために、工長が自ら中心になって作業をおこなう。達成できなければ、その工長は配置転換されてしまうことが多いですから」（同前）

自動車は2万点以上の部品から構成されており、製造過程には多くのチームが関与する。

1つのチームで品質などの問題が起これば、ラインを止めてその原因を徹底的に究明する。自動車はチームワークが最も必要な工業製品なのだ。一般的に、日本の自動車工場では高校卒業後に18歳で入社した技能系社員を組長や工長などと呼ばれる熟練工が鍛え上げ、10年足らずで一人前に育てる。そのプロセスでは、社会人としての躾に始まり私生活上の悩みまで相談に乗る。こうした「絆」がチームワークをつくり、助け合いの精神につながってきた。

また、一人前に育った若手が、同じように後輩を育てる。長期雇用を前提としたその循環によって「現場力」が養われ、それが日本の自動車の品質の高さが世界一となった理由の一つである。

ところが、ゴーン改革以降、日産の工長は「教育者」的な機能を失い、今やコミットメント達成のための単なる「プレーヤー」に変質してしまった。こうした鬱憤が爆発し、「落書き」や「足跡」となって表れたのではないか、と熟練工たちの間では囁かれていた。

## 「三遊間のゴロ」を誰も拾わない

コミットメント経営の弊害は全社を覆っていた。販売の現場では、こんな笑えない冗談のような事態が起こっていた。

「最近、ペットを自動車に乗せる人が増えた影響で、自動車搭載用の犬小屋の販売にまでもコミットメントを設定されました。犬小屋担当になると、新車を売るよりも犬小屋を売ることに一生懸命になっている」(販売店関係者)

さらに資金に余裕のある客が、300万円の車を購入した際に「現金で払う」と伝えたら、営業マンが「270万円だけ現金にして、残りの30万円はローンにしてください」とお願いしたという。

ローンだと、現金がすぐに入らないばかりか、ローン会社に手数料を取られる。しかし日産は子会社にリースやローンを扱う金融会社を抱えており、そこもローンの成約件数などのコミットメントを抱えている。このコミットメントを達成させるため、わざわざ一部ローンを組ませるのだ。客からすれば金利負担もかかるわけで、「コミットメントだけを見て、お客さまを見ていない」と、日産の販売部門の関係者は指摘した。

ある日産幹部はこうした現状について「自分の目標に追われるので、全体の利益を見ずに『三遊間のゴロ』を誰も拾わなくなった」と嘆いた。

その一方で、経営トップであるゴーンは、2007年4月1日付役員人事で、自らが兼任している「北米事業」担当の肩書きを外した。北米市場は苦戦を強いられていたから、逃げて部下に責任を押し付けようとしている、と社内では見られた。日産においてコミットメント未達は「死刑宣告」に等しい。絶対的権力を手中に収めたゴーンは裁判官であり、検事であり、弁護士でもあるのだ。

栃木県上三川町（かみのかわまち）にある日産栃木工場。「スカイライン」や「フーガ」など高級車を生産しているこの工場では、「女工哀史」さながらの光景が繰り広げられた。

ある女性従業員の父親が憤っていた。

「06年11月のある日、気温が零度近くになっても、コスト削減のために、事務棟に暖房が入らなかった。残業していた娘たちはダウンジャケットなど防寒服を着て、震えながら仕事をした。お蔭で娘は風邪をこじらせて、救急車で運ばれたんだ」

宇都宮地方気象台によると、上三川町近辺の06年11月の最低気温はマイナス2・4度だった。

「本社から幹部が視察に来た時だけ暖房が入れられるようだ。『こんなことまでして利益を上げなければいけない会社はおかしい』と言って、退職した社員もいるとか。日産は（労働安全衛生法上の）安全配慮義務違反と言われても仕方ないのではないか」（同前）

行き過ぎたコスト削減は社員の士気を低下させ、疲弊の度合いが増していた。

## 「裏切り」や「騙し」をしなくては達成できない目標

その傾向は、日産系列の下請け業者に顕著だった。もはや人員削減しか打つ手がないほど、絞りあげられていた。

日産系の最大手部品メーカー、カルソニックカンセイでは、「人事コンサルティング会社と、ひとり退職させられるごとに60万円支払う、という契約を結ぶことを検討している」(大手部品メーカー幹部)。

ゴーン改革によって、日産と下請け業者との関係は劇的に変わった。

自動車業界の用語で、部品や材料、サービスを供給する会社のことを、「サプライヤー」と呼ぶ。サプライヤーは自動車会社に対し、部品や材料の価格などを提案する。そして複数のサプライヤーによるコンペにより、取引先が決定される。提案を受ける自動車会社側の窓口が、購買や調達と呼ばれる部署である。

第二章で紹介したが、ゴーンは来日してすぐに購買コストの削減に取り組んだ。まず、1145社あった日産系サプライヤー数を半減させた。サプライヤーの数を減らすことで、

1社への集中発注をおこない、コストを下げる狙いである。これは当時、「ゴーン・ショック」と呼ばれた。

その代表的な例が、車体の主要材料である鉄板の購入だった。長年付き合いのあったNKK（日本鋼管、当時）からの購入シェアを3分の1以下に大幅削減し、新日本製鐵への発注を増やした。あまりにドラスティックな切り換えに、NKK出身の労働団体の幹部は「日産車は買うな」と激高した。同時に日産は、保有していた部品メーカーの株式も売却した。

このサプライヤー削減策は、日産の業績のV字回復に大きく貢献した。競争力のないサプライヤーは淘汰されていったからだ。ゴーンは日産と系列の「癒着」を断ち切った。そこまではよかったが、その後の部品メーカーに対するコスト削減要求は苛烈を極めた。

部品メーカーの経営能力の限界を超え「一律何%カットせよ」と指示が出ていた。この目標に応えられなければ、取引は打ち切られた。日産の購買部門の良識派からは「初めにコミットメントありきで、現実的には無理なお願いを部品メーカーに強いている。自分の目標達成のためには、『裏切り』や『騙し』もやらないといけない」といった悲痛な声も聞こえてきた。

また、ある日産OBは「購買部門のコスト削減が品質に影響していないかをチェックするなど、会社全体の利益を考える機能も薄れている。非人道的な行為を強要され、嫌気がさして辞めた購買マンもいる」と嘆いた。日産社内でおこなったモラル調査では、購買部門の社員の意欲が最も低かったという。

### 行き過ぎたコスト削減が品質を落とす

運送会社からも悲鳴が漏れてきた。

日産の工場に自動車部品などを運ぶ運送会社では、ゴーンが来てから、日産と結んでいた運送の契約方法が変ったという。

それまでは「車建て」と呼ばれる、10トン車を1日動かすといくらの報酬、といった算定方法だった。それが「個建て」、要は部品1個当たりいくら、と細かく計算する方法になった。たとえば、日産の工場に部品を100個納入し、帰りの便で荷物が空っぽになれば、帰りの分の経費は一切支払われない。「帰りの便の面倒は見ません。空にならないように、ご自分でよその荷物を探し、帰りの運賃を稼いでください、という意味です」と運送会社の幹部は説明した。

日産の工場で荷物を降ろした後、近くの工場や別の会社の荷物が都合よくあるわけではない。「輸送費はかつてに比べて40％下がり、さらに毎年数％下がり続けている。日産向けの仕事では、コスト削減の糊代がない状態で、赤字のサービスもある。日産のために仕事をやろうという気分にはならない」（同前）。

その運送会社は、日産向けでは利益が出ないので、他社向けの事業を強化しようと、トヨタの調達担当者に提案に行き、日産向けと同じ価格で見積書を出した。すると「この値段じゃ駄目だ。仕事はやれない」との返事だった。運送会社の担当者は、「さすがトヨタ、日産よりコストダウンが厳しいのか」と思ったが、実際は逆で、トヨタは「この値段はおかしい。こんな価格では長続きしないでしょう。サービスの質が悪くなっても困るので、うちは結構です」という説明だった。

２００６年夏、日産と米ゼネラル・モーターズ（ＧＭ）の提携話が浮上した。結局立ち消えになったが、ＧＭ側は日産の技術力をシビアに捉えていたようだ。

「ＧＭ側はトヨタ出身のエンジニアに依頼し、日産のセダン『アルティマ』を解体させた。部品の品質を細かくチェックしたが、行き過ぎたコスト削減の跡が随所に見られ、『技術の日産』とはとても言いがたい状況だった」（ＧＭ関係者）

米国では04年4月、日産のミニバン「クエスト」で、急加速するとスライドドアが勝手に開いてしまうトラブルが起き、2万7000台対象のリコールをおこなった。06年にも、「アルティマ」でピストンリングの不具合によってエンジンが異常な熱を持ち、車24台が燃え、1人が軽傷を負った。同年6月、12万8000台を対象にリコールをおこない、230億円の対策費を計上した。当時、日産のリコール対策費のトップテンに入る金額だ。

国内でも品質問題が頻発した。ある車種で、水漏れ検査のために車体にシャワーを浴びせたら、車内に水漏れがあった。「クランプ」と呼ばれるホースを縛る部品が外れていたり、洗車機にかけるとサイドミラーのカバーが簡単に外れたりするケースや、対向車の有無などによってヘッドライトの照らす角度を変える「光軸」が安全基準に適合していなかったこともあった。出荷前の車内からポテトチップスの袋が発見される不始末もあったというが、生産現場の乱れを象徴するような光景かもしれない。

熟練工のひとりは「車種によっては、出荷できる品質水準でないものもあるが、再検査や再調整でどうにか対応している」と打ち明けた。

コミットメント至上主義、そして過度なコストの削減が、「技術の日産」を確実に蝕んでいた。当時、日産の品質担当の常務執行役員・加藤和正に聞くと、「コスト削減の影響はない」と言い切った。しかし、主力部品である自動変速機を生産している子会社のジヤトコでは、人件費削減のため、次々にエンジニアを正社員から派遣に切り替えていた。設計エンジニア1500人のうち、4割程度が派遣社員になった。それでも目標のコスト削減ができず、「06年度下半期は利益確保のために、150人から300人のクビを切れとの指示が日産本社から出た」（ジヤトコ幹部）という。

派遣社員は契約期間が切れるといなくなる。また、優秀な派遣社員は、トヨタやホンダなどに引き抜かれてしまった。技術情報が外部に漏れる上、技術の蓄積もできない状況だった。しかし、目標の収益を達成すればそれでよいという。「近い将来、ジヤトコの正社員で図面を描ける人がいなくなるのではないか」（同前）との懸念も聞かれた。

## 新技術に回す資金がない

2007年3月期決算において、日産系部品メーカーは軒並み大幅減益を強いられ、前向きな開発投資はしづらい状況になっていた。「カルソニックカンセイ、北米で2工場閉鎖」（07年5月24日付日経産業新聞）、「鬼怒川ゴム、米子会社で200人削減」（同月21日付同紙）と、海外事業でも暗いニュースが相次いだ。

トヨタやホンダが「貿易摩擦」を恐れるほど米国販売が伸びていたのに対し、日産の06年度の米国販売は前年度比4％減の103万5000台。台数が減れば、部品メーカーの経営を直撃する。部品メーカーの経営が悪化すれば、次世代の部品開発の投資に回す資金が減少し、車の品質や性能に影響しかねない。

例えば自動変速機。外からは見えない地味な部品だが、燃費効率などに影響する心臓部のひとつである。トヨタは06年9月、最高級車「レクサス」で世界初の8速ATを搭載した。世界の高級車の主流は6速。しかし、日産の高級車「フーガ」は5速のままだった。

日産や日産グループに開発能力がないわけではなかった。コスト削減を重視する余り、新しい技術に挑戦する意欲が低下していたのだ。ジヤトコでは、ハイブリッドカー向けの部品を開発して自社のパンフレットに一旦は掲載したが、ハイブリッドカーを嫌うといわれていたゴーンの逆鱗に触れるのを恐れ、わざわざ削除。ジヤトコの開発陣の士気は下がっていた。

当時、日産の技術陣を束ねていた副社長の山下光彦は、筆者の取材に「(ゴーン来日当初の)リバイバルプランの頃は研究開発費を抑えていたかもしれないが、今は違う。5月には先進技術開発センターもオープンし、もう言い訳はできない状況。ATについては、遅れたことは事実だが、日産はCVT（無段変速機）の方に力を入れている」と答えた。派遣社員の増加についても、「人に技術が蓄積されることは日本の強みだったかもしれないが、時代の流れが変わっている。むしろそれが生産性の低さに繋がっている。人に頼って仕事の流れがプロセス化されていないのは日本の弱点ではないか」と反論したが、現実に大規模なリコールなどが起きているのだ。

**日産に「プリウス」がない理由**

ゴーン時代になって、本社と販売会社との軋轢も大きくなった。

日産の販売会社の従業員たちが、怒りまじりによく口にする言葉だった。

「なぜ、うちには『プリウス』がないんだ！」

自動車の販売会社には、メーカーが株式を保有し社長もメーカーから出向する「直営販社」と、地元の名士らが独自の資本で看板を出す「地場販社」がある。

直営の場合、クルマが売れずに赤字になっても、メーカーが資金的な支援をしてくれるが、儲けもメーカーがもっていく。他方、完全に別会社の地場は、経営が悪化すれば、オーナー自らが資金繰りなどに走らなければならない反面、儲かった分だけ自分の利益になる。微温的体質に陥りがちな直営に対し、地場は売り上げを伸ばすことに貪欲だ。

国内営業で日産が弱くトヨタが強いのは、この「直営比率」の違いに原因がある。当時、日産は、全国に136ある販社のうち直営が50社で、比率は約37％。対するトヨタは291社のうち直営が19社で、約7％しかなかった。強力な地場販社が売り上げを支えているのだ。

地場の社長は、一言居士的な人が多い。「日産の車を俺が売ってやってるんだ。トヨタに負けてなるものか」という強い自負心がある。このためメーカーに、「もっとよいクルマを造れ！」と発破をかける。地場とメーカーは対等な関係で、そこにはいい意味での緊張感がある。

取材で会った日産の地場販社の社長は、開口一番、こう吐き捨てた。

「販売の現場と、（当時本社機能があった）銀座の考え方の乖離が激しすぎる」

その「乖離」の代表的な事例が、ハイブリッドカーの扱いだった。トヨタが1997年にハイブリッドカー「プリウス」を発売してから、すでに10年が経過していた。その間、「環境のトヨタ」のブランド作りに一役買った。原油高によるガソリン値上がりの中で、燃費のよさはクルマの購入を決定する上で大きな要因の一つとなっていた。

トヨタはプリウスを環境戦略の柱に据え、製造コストが高いため赤字を出しながらも、消費者の手が届く価格に抑えて売り続けてきた。しかし、日産はハイブリッドカーの開発を積極的には進めなかった。ゴーンが「今はハイブリッドが環境技術の主流だが、将来的にはクリーンディーゼル、燃料電池など、どの技術が主流になるか分からないので、コストと見合わない」と考えていたからだった。

前出の副社長の山下も「20世紀は石油の世紀だったが、21世紀はエネルギーが変遷していく。残念ながら今の日産は自信をもって、これであと数十年は大丈夫と思われるパワートレイン（エンジンなどの駆動装置）がどれかの結論を出していない」と説明した。

しかし、こうした考え方が、販売現場の神経を逆撫でしているのだ。前出の地場販社の社長は「環境に良いという理由で、ハイブリッドカーを買っているお客は意外と少ない。単純に持ってると格好いいから売れるんですよ。ブランド戦略の一つとしてハイブリッドは必要です」と断言した。現にプリウスはハリウッドの映画スターたちが愛用し、日本の政治家もイメージアップのために乗っていた。日産の販売会社には、本社の方針のせいで優良顧客を逃している、との怒りがあった。

## 「インパール作戦」と同じ

この怒りの「炎」に油を注いだのが、２００６年度の新車投入の抑制だ。販売目標の数字がなかなか決まらず、４月になってようやく提示された目標は、国内販売で前年度を４０００台上回る84万６０００台。しかし、販売不振は続き、わずか２カ月後に80万台に下方修正。最終結果は無惨にも前年度比12・１％減の74万台だった。

国内販売の関係者によると、「社内の計画を作成する事務局は、当初76万台と設定していたが、ゴーンが最低でも80万台と主張したため、国内営業の責任者でもあった最高執行責任者（ＣＯＯ）の志賀俊之は無理だと分かりつつも押し切られてしまった」という。74万台のうち約14万台が軽自動車で、これを引いた60万台という水準は、ほぼ40年前と同じだった。07年度はさらに落ちて70万台（軽を含む）を見込んでいたが、各社とも国内販売は苦戦しており、達成できるか否かは不透明だった。

目玉商品はなく、新車投入も少ない一方で、販売会社は台数と収益の両面でコミットメントの達成を求められていた。売れるクルマもないのに他社と競争しろ、経費を削れという日産本社の姿勢に、前出の地場販社の社長は「武器弾薬（新車）がないのに『戦え』と指示して、日本兵が犬死にに追い込まれたインパール作戦と同じだ」と声を荒らげた。

しかし、「正論」を吐く地場販社の社長は、日産本社からすれば不満分子とみなされた。ある社長のところには、「後継者もいないようですから、お宅の会社は手放したらどうですか。売却先を紹介しますよ」と打診があったという。

しかも紹介されたのは、よりによってホンダ系の販売会社を展開する企業だった。当時、この会社は、ファンドと組んで自動車の販売会社の買収を盛んにおこなっており、日産系ではすでに三河日産、静岡日産、長野日産の3社が買収されていた。

## 日産ＯＢが即決でトヨタ車を買った

日産の連結子会社の販売会社で２００７年3月、業界関係者が驚くトップ人事があった。日産最大の販社である日産プリンス大阪販売社長の松村矩雄（のりお）が、就任わずか2年で退任したのだ。

筆者のインタビューに応じた松村は当時、「（社長に在任していた）05年度も06年度も収益コミットメントは達成している」と話したが、日産本社幹部は「日産プリンス大阪の業績が悪化したから辞めてもらったんだ」と言い、両者の言い分は食い違った。ちなみに同社は、05年度と06年度は優秀販社に贈られる社長賞を獲得していた。

松村は2年前まで日産本社の副社長として米国事業などを担当。北米の収益を飛躍的に向上させ、ゴーンの覚えもめでたかった。「日産プリンス大阪を国内のモデル販社にしてくれとゴーンさんに言われてきた」という松村は、業績が期待通りであればという条件付きで、ゴーンの許可を得て、同社をMBO（マネジメント・バイ・アウト＝経営陣による会社の買い取り）する計画だった。

当時、日産は極力、直営販社を減らし、地場販社を増やすことで、国内営業の強化を狙っていた。こうした戦略の中で松村は、日産プリンス大阪を「地場化」することを目指したのだ。

ところが06年10月、松村がゴーンと国内営業の責任者であるCOOの志賀俊之に計画承認要請のメールを送ったところ、志賀から来た返事は、「申し訳ないが、業績不十分のため、MBOは承認できない」といった内容だった。社長賞を獲得している会社なのに、である。

日産は06年4月、連結子会社である直営販売会社の経営方針を大きく切り替えた。販売事業会社と資産管理会社に分割し、資産管理会社は新設された日産ネットワークホールディングス一社に統合された。全国にある50の直営販売会社の土地や店舗などの固定資産や負債を、東京で一括管理することにしたのだ。

販売事業会社はネットワークホールディングスに店舗や土地の賃料を払いながら、これまでどおりクルマを売る会社として存続した。ある販売事業会社の社長は、「俺はコンビニの店長になっちゃったよ」と自嘲気味にこぼしていた。

さらに07年4月からは、国内販売を10地域に分けた「リージョン別カンパニー」制度を導入し、販売事業会社の人事や総務などバックオフィス機能を集約した。人員削減など大規模なリストラ計画も主眼のひとつだった。

このように販売戦略が猫の目のように変わる中で、松村のMBO計画は立ち消えになった。実績を残した元副社長であっても、経営方針の変更によって、切り捨てられてしまった。ゴーンの非情さを窺わせるエピソードだと、筆者は思った。

「日産の都合で約束を違えられたと思っている。しかし、こだわるつもりはない。MBOさせない、ということは『辞めなさい』ということだと思う」と、さばさばした表情で話す松村だったが、一方でこう警鐘を鳴らした。

「今の日産の販売改革は、販売会社の収益をあげるための一つの手段ではあるが、販売台数を増やすことに主眼が置かれていない。国内の全体需要が伸びない中での単なる効率化策に過ぎない。クルマの小売の世界に、大量生産によるスケールメリットを追求するメーカーの論理は通用しづらい。コンビニ経営とも違う。一人ひとり顔の見えるお客様を増やしていくべきだ」

日産の営業部門にいた元幹部も「ゴーンはコスト削減しか頭にない。効率論だけでは販売台数は増えない。教育、宣伝の強化などはほとんど考えられていない。国内販売で出世するのは英語ができる海外畑出身者で、国内の営業現場の実態は何も知らない人間が多い。目先の利益だけを考えた机上の空論が多すぎる」と、現在の営業戦略を批判した。

06年度は人件費だけで100億円を超えるコスト削減が販売会社に求められたという。営業マンの士気は下がり、マニュアル通りにしか動かない社員も増えた。販売会社を支える優秀な営業マンや整備士の中には「今の給料では家族が養えない」と、他社に移る人も出ていた。

これは中枢部門にいた日産OBに聞いた話だが、当時、娘のクルマを買うために、東京都内の日産販売会社を訪れた。営業マンに小型車「マーチ」の説明を受けたところ、機能やオプションについて、ろくな説明ができない。次にトヨタの販売会社を訪問して、「ヴィッツ」を見ていたら、懇切丁寧な説明を受けたため、購入を即決した。「日産とトヨタの営業マンの力量の差に啞然とした。いかに地道な社員教育に金をかけていないかが分かった」と、OBは残念そうに語った。

**財務テクニックを駆使して作られる数字**

日産では投下資本利益率（ROIC）を経営管理の指標に置いていた。ROICとは、少ない固定資産と運転資金でいかに大きな利益を生み出したかを示す指標で、ゴーンはこのROICの高さを決算発表やアナリスト会議などでしきりに誇示した。しかし、これは特殊な財務テクニックを使えば、容易に変動し得る指標だった。

2003年に稼動を始めた米国ミシシッピ州にあるキャントン工場。この工場建設に関わる約1000億円の設備投資が、一時期バランスシートに計上されなかった。1000億円の資産がバランスシートに計上されていなければ、ROICは実態より高くなる可能性があった。企業会計に詳しい公認会計士は「経営の実態に即していない会計処理だ」と指摘した。

日産が駆使した財務テクニックを「シンセティックリース」という。特定目的会社が工場を保有した上で、日産にリースするという、国内製造業では極めて珍しい手法だった。

当時、財務担当の執行役員だった田川丈二が説明した。

「当時は日産の格付けが低く、会社としての信用がない中で、いかに有利な金利で資金調達するかというスキームとして生まれたものです。ROICを指標にしはじめたのは05年度以降で、その時点ではミシシッピ工場はバランスシートに載せているので、何ら問題はない。特定目的会社は01年に作りましたが、当時の会計基準ではバランスシートに載せなくてもよかった。簿外債務ではないかと疑われるのが嫌なので、会計基準の変更より前倒しで、03年に載せました」

日産はかつて、ゴーンがアナリストに対してのみ、業績上方修正を示唆し、株価がストップ高になったことがある。これは本来禁じられている「選択的情報開示」に当たる可能性がある。このような特殊な財務テクニックの利用は「錬金術経営」をおこなっているのではないかと勘ぐられかねない。しかし、日産社内では「財務屋」の力が強まっていった。06年7月には、資産管理会社の日産ネットワークホールディングス社長に、元財務部長で執行役員の佐藤明が就いた。財務畑が長い佐藤は、財務の視点で所管する販売会社の経営に乗り出した。

企業経営で利益を出す方法は単純に言って2つしかない。売上げを伸ばすか、コストを削るかである。販売の現場は、新車を売って売上げを伸ばしたいと考えるが、財務の視点ではコストを削り、資産や資金を効率的に運用して収益を確保することを優先しがちだ。「業績が伸びない会社はもちろん、経営方針に楯突くような販売会社に対しても、佐藤が主導してファンドへの売却を勧めてくる」（販売会社社長）という冷徹さがあった。

短期的な収益や論理を好み、管理主義的な財務に対し、販売現場は、浪花節的な世界が残っている。佐藤の考えになじめない販売会社の経営者は、「財務屋に何がわかる」と苛立ち始めていた。

### 「ルノーに貢ぐのをやめて」

ゴーン経営の課題としてしばしば指摘された長期的な視点の欠如の中で、最も批判されていたのが、目先の利益を重視し過ぎる余り長期的な研究開発投資を怠っているのではないかという点だった。

日産はディーゼルエンジン、コンピュータ技術、ＩＴＳ（高度道路交通システム）などへの投資に力を入れている、と力説してきたが、相対比較では物足りない。売上高や営業利益がほぼ同水準のホンダは、２００７年度の研究開発費は５９００億円を予定していたが、日産は前年度比で5％増やしているものの4900億円で、1000億円の開きがあった。これは9400億円のトヨタの半分程度だった。

研究開発費は抑制しながら、配当は増やし続けていた。01年3月期決算から復配し、一株当たりの配当額は01年で7円。それから毎年、8円、14円、19円、24円、29円と増え、07年は34円となった。07年のルノーへの配当額は約680億円。当時、累計で2700億円近くに上っていた。株価も資本提携時との比較で3倍近くになっていたため、ルノーの日産株の含み益は相当な額だった。「ルノーに貢ぐのをやめて、この配当を研究開発や部品メーカー支援に回すべき」との声も少なくなかった。

07年4月の役員人事に筆者は驚いた。ゴーン来日当初、秘書室に相当する「COOオフィス室」の初代室長を務めたフィリップ・クランがフランスから舞い戻り、常務執行役員として復活したのだ。クランはゴーンの腹心の一人で、日本語もできる。「初めは日本語ができないふりをして社内情報を収集していたので、『ゲシュタポ』と恐れられていた」（日産OB）という人物だ。2度目の来日でも、「CEOオフィス室」などゴーン周辺のサポートを担当する。幹部連中は早くも戦々恐々としていた。

## 「牙」を抜かれた役員たち

ゴーン体制になって、日産の役員たちから個性がなくなっているような印象を筆者は受けた。「カーガイ（自動車野郎）」風の野性味がない。紳士的でお利口さんだが、悪く言えばゴーンの顔色ばかり窺っているような人が多くなった。ある役員などは「ゴルフ嫌いのゴーンに目をつけられないように、愛用のクラブを捨ててしまった」という評判まで立っていた。

2007年当時、COOだった志賀に、「日本人のトップとしての顔が、もう少し見えたほうがいいのでは」と筆者が水を向けると、苦笑いしながらこう答えた。

「COOに対する権限委譲はされています。日々のオペレーションでのいろんな意思決定においては議長としてやっています。いくつ議長をやっているかよくわからないぐらい多いんですよ。ただ社会的に、皆さんがおっしゃる通り、もうちょっと外に顔を出してもいいんじゃないですか、というところはあるのかもしれませんけど……。まあそういう努力もしていかなきゃいけないとは思っています」

あくまでも謙虚なのである。

数字に強い人間が重用されるのは前述の通りだ。07年3月まで購買部門を担当していた副社長の西川廣人（現社長）もその一人だった。

「数字のことだけしか考えていない完璧主義者です。秘書出身で、ゴーンの寵愛を受け、このたび主力市場である米国担当に栄転しました」（日産幹部）

部下や部品メーカーに無理なコミットメントを要求しながら実績を上げ、自らは栄転の道を歩んだ役員たち。多額の報酬やストックオプションをもらい、マンションや別荘を購入する者もいると聞いた。

一方、コミットメントが達成できないなど、能力が低いと見られた社員には、実質的に退職を勧奨する通称「ボトム10研修」が用意されているという。「底辺10％研修」という露骨なネーミングに表われているように、「日産に勤めていても将来がないことを徹底的に叩き込む研修」（日産関係者）のようだった。

役員たちはゴーンに「牙」を抜かれてしまったように見えた。

フランスの植民地政策は、現地民族が現地民族を支配する形態を取る。そのためフランスが立ち去った後は、内乱が起こる。あるOBは「ゴーンがいなくなると、虎の威を借りていた幹部への反感が顕在化し始めるのではないか」と見ていた。実際ゴーンに媚びている役員に対する現場の怒りの声もよく耳にした。とくに、生産技術畑上がりの役員には

「現場で一緒に苦しんだからこそ、ゴーンに伝えてほしいことがあるのに、偉くなったら忘れてしまうものなのか」（工場の社員）と、風当たりが強い。これらの背景があって、後に述べる西川への不満が爆発したことは間違いない。

ゴーンが来る前からの役員で、生産技術畑出身の最古参である小枝至共同会長は07年当時、こう言った。

「ゴーンさんに頼めば何でもやってくれるので、我々はゴーンに頼りすぎなのかもしれないなあ」

その「英雄」ゴーンがついに躓いた。この結末は必然だったのかもしれない。ゴーンのこれまでのキャリアを振り返ると、タイヤメーカーのミシュラン、そしてルノーにおいて、非常時の「再建屋」としての経験こそ豊富だが、日産のようなグローバルな巨大企業を安定成長に導いた経験はない。迅速な人員のリストラや経費削減によって一気に収益を高め、企業価値を向上させるゴーンの経営手法は、どちらかといえば、短期間でサヤを抜く、外資の「ハゲタカファンド」の手法に近いといえまいか。その手法には自ずと限界があったのだ。

「ポストリストラ」の明確な成長路線が見出せないまま、コスト削減のみに頼らざるを得ない日産の問題点が浮き彫りになってきたように思う。行き過ぎた「コミットメント経営」は、苛酷なノルマ主義につながり、社内格差が拡大し、現場には不満が募っていた。

### リーマンショックでつかの間の「ゴーン・マジック」復活

こうして消えかかりそうだった「ゴーン・マジック」が一時的によみがえったのが、2008年9月のリーマンショックだった。ゴーンは、危機には強い「救急救命医」としての本領を発揮した。復活・復旧対応に専念する「リカバリー経営会議」を新設、担当の「リカバリープログラム・ダイレクター」という役職を置いた。

同時に緊急の中期経営計画「リカバリープラン」(09~10年度)を設定、09年度に労務費20%のカット、新車投入を5年間で当初の60から48に削減、設備投資を14%カットといった計画を立て、どれも見事に達成させた。内容は「リバイバルプラン」でやったのと同様にリストラ策を中心とするものだった。

11年3月に発生した東日本大震災や同年6月のタイの大洪水でも、「リカバリー経営会議」が奏功した。当時の関係者が振り返る。

「地震の影響で半導体メーカーの生産が止まったため、エンジン用とカーナビ用で共有しているICチップの提供も止まりました。ゴーンはカーナビ用ICをすべてエンジンに回す判断をし、海外の一部地域ではカーナビを付けないクルマを売ることを即決しました。カーナビがなくてもクルマは売れると判断したのでしょう」

これで日産の海外向けのクルマの生産が止まることはなかった。

12年3月期決算では電機産業の旗色が悪く、自動車産業もトヨタとホンダが減収減益と、日本の製造業が総じて苦境に陥っていたなか、日産は増収増益と気を吐いた。本業の儲けを示す営業利益は、自動車大手3社の中では最も多い5458億円。グローバル販売台数も前年比15・8％増で過去最高となる485万台を記録した。

当時、ゴーンは自信たっぷりに筆者のインタビューにこう答えた。

「いまの日産は〝魚雷〟を5本もっているようなものです。〝魚雷〟とは企業にとっての武器であり、利益をもたらす柱のことです。私が日産にやってきた1999年当時は、それが1つしかありませんでした。収益源となっていた市場は米国だけでしたし、車種も3つ、4つほどで、ほぼ全ての利益をカバーしている状態でした。現在はどうでしょう？米国はもちろん、中国、東南アジア、ヨーロッパ、そして南米と地理的な柱は多いし、収益源となっている車種も20ほどある。これだけ柱があれば、もう沈まない。日産は真の再生を果たしました。継続的に成長しないと再生とは言えませんが、日産は12年もの間、成果を挙げ続けてきたのです」

しかし、日産幹部は「リーマンショック、震災対応で、得意のリストラが当たって日産だけが利益が出ていると評価された。これが、自信を失いかけていたゴーンを蘇らせ、さらに自身の権力を強めていく動きにつながった」と見る。

この自信が、やがて道を誤らせ、ゴーンの逮捕へとつながっていくのだが、それにはあと10年もの歳月がかかったのである。

## ゴーンインタビュー（２００７年５月）

――今日はあえてシビアな質問をさせてもらいます。

**ゴーン**　分かっていますよ。以前は肯定的な記事が多かったのですが、否定的な記事でバランスも必要でしょうから。

――ゴーンさんが社長になってから初の減益となりましたが、ゴーン社長の経営責任は重いのではないですか。これまでは部下にコミットメント（必達目標）の達成を強く求めていたわけですが、経営責任についてどうお考えですか。

**ゴーン**　いや、おっしゃる通りです。会社の業績がよければ、社長は誉められ、よくないと思われた場合は、批判を浴びる。それは当たり前のことであり、いつものことだと思います。別に予想外のことではありませんでした。ただ、皆さんと同じように私も人間ですから、（批判は）気に入らないし、楽しくもありません。

２００６年度はいい年ではなかったと認めましょう。ただ、財務結果は非常に健全なものです。キャッシュフローは１兆円以上、営業利益や当期純利益も高い水準です。重要なのは、壁にぶつかった場合や少し落ちた時の対応です。守勢にまわってはいけない。原因を究明し、解決策を見出し、再び軌道を回復させることの方が大切です。

――コミットメントが未達だったため、退社した役員や幹部がいるのに、ゴーン社長は自分に甘くはないですか。

**ゴーン** それは事実に反します。コミットメントが未達に終わったら、責任を取って退職しないといけないのであれば、日産ではおそらく50％くらいの人が辞めないといけない。コミットメントを達成するために課題が生じた場合、その解決策があるか、あるいは見出せるかの方が大切です。解決策がないと、深刻な状況に陥ってしまう。ビジネスをやっていれば、壁があるのは当たり前。壁を乗り越えるためには、06年度の状況から学習しないといけない。

私の責任についてですが、社長が社長たるには2つの条件があります。ひとつは、自分が社長でいたいかどうか。もうひとつが、株主がその社長にいて欲しいかどうかです。株主がいらないというのであれば、退職するしかありません。

――でも日産の筆頭株主はルノーであり、ルノーのCEOはゴーンさんです。

**ゴーン** ルノーの出資比率は約44％ですよね。残り56％はルノー以外の株主になるわけですから、その意思に反して社長として居座ることは無理だと思います。つまり私が申し上げたいのは、社長の仕事に固執しているわけではない、ということです。私が社長でいるのは、日産が大好きだからです。日産は私の赤ちゃんみたいなものですよ。１９９９年に就任した時から愛着を感じています。私自身、日産に尽くしてきたわけで、会社を誇りに思っています。

大事なのは、私がアライアンスを成功させたいと思っているということです。つまり、全く異なる文化を持つ2社が協力し合うという提携の模範例にしたいのです。報酬など関係ない。私は恐らく日産を退職し、他社に移った方がより高い報酬が得られる可能性があるわけです。ただ、それよりルノーと日産の提携が、自動車業界で唯一成功したものであるという「トロフィー」をもらって、日産の社長を退任できるのであれば、私は人生で最高の幸せをつかんだ、ということになる。それが私のモチベーションです。

――しかし、現状は、融合というよりもルノーが日産を支配するという形になっていませんか。日本人のエンジニアや販売の方々は、ゴーン社長のやり方に反発を感じ、モチベーションが下がっているのではないですか。

**ゴーン** 私は、以前よりもマネジメントを強くしたとか、マネジメントスタイルを変えたわけではありません。むしろ甘くなったのではないでしょうか。というのは、私が権限委譲しているからです。むしろそれが批判の対象になっている。日本にいる時間が少なくなり、私があまり日産に注意を払っていないのではないか、と批判を受ける場合もあります。

——日本で起きている現場の課題や、都合の悪い情報がゴーンさんの耳に入りにくくなっているのではありませんか。

**ゴーン**　社長がすべての情報を聞いているという保証はできません。しかし、私にとって日本はとても重要です。というのは、日産にとってホームマーケットだからです。私は、国内の弱い販売状況を不本意だと思っています。それに対して、無関心ではない。しっかりと是正しなくてはならないと思っています。もちろん、成功はまだしていませんけれども、引き続き是正策を打っていきます。商品をてこ入れし、販売会社の改革についても着手していきます。別に私は国内市場のことを軽視しているわけではない。日産は引き続き日本に本社を置き続けるし、日本企業であり続けるでしょう。私が社長である限りこれは変わりません。

以前に比べあまり時間をかけられなくなっているのは事実ですが、できるだけ現場との接点を持とうとはしています。その結果、社員が現状に対してどう思っているかを聞くことができるからです。生産だけではなくて、販売についても現場をみていかなければなりません。ただ単に役員だけと接点を持っても、結局、現場と乖離してしまうのです。

――実際に取材していると、日産の経営と現場が少し乖離し始めた印象がある。

**ゴーン**　いつもそれはありますよ。２０００年、01年もそうでした。ルノーでもそうです。状況は同じです。経営陣の意向、あるいは経営陣のやっていることと現場が完全に合致しているということはないと思います。ただ、耳を傾けることが大事です。ときには、その情報が事実である場合もあります。その場合、経営陣は是正しなくてはならない。あるいはその情報が間違っている場合もあります。その場合は、そのことを現場に伝えなくてはならない。なぜなら、現場の人間がまったく事実でないことに関して懸念を持ってはいけないからです。

私だけでなく、志賀（俊之ＣＯＯ＝当時。以下同）もよく現場に行っています。西川（廣人副社長）もそうです。山下（光彦副社長）もそうです。かなり時間をかけて開発部門の人間と話している。今津（英敏副社長）もそうです。ですから、極めて重要なことは、私一人だけではだめだということです。経営陣全体が実際に現場に行き、耳を傾けて、状況について話し合う必要があります。

——ゴーン社長の耳には入っていないかもしれませんが、栃木工場で、気温が零度になっても事務棟ではコスト削減のために暖房を入れず、そのため風邪をこじらせた人もいるようです（注・日産広報部は事実関係を否定している）。

**ゴーン**　そういったフィードバックは非常に興味深いですね。私どもは、ご承知のように、労働環境をさまざまな形で改善しているわけです。就業環境は非常に近代化され、より有効に仕事を進められるようになっている。栃木のことについては知りませんでした。しかしながら、これは正常ではないと思います。そういったことが起こっているのであれば、決して繰り返さないようにしなくてはなりません。

——ゴーン社長がちょっと偉くなりすぎたために、ものを言いにくくなっている雰囲気はありませんか。

**ゴーン**　私、そんなに上の方にいませんから。ご存知じゃないですか？　私は、会社の人たちが好きですし、彼らと話すのが大好きなんです。私の評判は、私自身の姿を映し出していないのかもしれませんけれど、実際に現場に行くと快適なんですよね。日本だけでなく、フランスでも居心地がいいのです。

恐怖政治はマネジメントとしてよくないと思います。短期的には成果は出るかもしれませんが、決して中期的、長期的な成果にはつながりません。私は、近視眼的で短期的な目標は持っていません。1999年の時点では短期的目標を持っていました。ただしそれは、すぐに業績を回復させねばならなかったからです。現在の目標は長期的なものです。私は日産を、健全性と競争力を維持しながら優れたブランドにしたい。長期的に尊重される会社にしたいのです。

——長期的に日産を発展させるための「解」を社長としてお持ちですか。

**ゴーン**　決算発表の場などでも、いくつか発表したかと思います。技術の面でもありますし、新規プロジェクトにも着手しています。私達が近視眼的だったとすれば、決して新しいデザインセンターなんて設立していませんよ。技術開発センターもそうです。国内の本社も、米国の新しい本社もそうです。追浜工場、栃木工場ではかなり近代化が進んでいます。会議室もよくなっている。投資を実際にやっているんです。これらはすべて長期的な目標を考えているからです。近視眼的だったら、そんなことには無関心ですよ。

——ハイブリッドカーにあまり力を入れないのはなぜですか。環境対策が求められるのは時代の必然であり、それを軽視してきたとすれば、長期的視点が欠けていると見られるのではないでしょうか。

**ゴーン**　ハイブリッドについては、トヨタには遅れていますが、高水準です。非常に高度な長期的戦略の中にハイブリッドもひとつの要素として入っていますが、優先順位としてはそれほど高くない。他の技術も加味しているのです。具体的な例を今後出していきます。たとえば、新しい「V6クリーンディーゼルエンジン」については自信があります。米国の「マキシマ」に搭載します。このエンジンは、いくつかの環境規制に対応するもので、ルノーと日産が共同開発しました。またNECとの合弁事業で、リチウムイオンバッテリーが生産されます。リチウムイオンバッテリーは、EVにとって根本技術です。将来のハイブリッドにとってもそうです。こういった技術がどんどん商品化されれば、お客様の日産の技術力に対する評価が変わると思います。

——日産の高級車「フーガ」の自動変速機が5速なのに対し、トヨタの「レクサス」は8速です。そういうところでも日産は遅れているのではないですか。

**ゴーン**　多くの技術は持っていますが、体系的に技術を必ず商品化しているわけではありません。これは消費者は興味があるだろうという決断を下さないと商品化しません。お客様が価値を見出さないのであれば、搭載しないというだけの話です。

――トヨタやホンダに比べて、グローバルな戦略が欠けていませんか。たとえば、「ムラーノ」は米国で販売していたのを急遽日本にもってきたため改造コストが余計に掛かったと聞きました。

**ゴーン**　「ムラーノ」は当初はグローバルな展開を考えていたのですが、欧州チームも日本チームも、ディーゼルエンジンもないし、大きすぎるからいらない、と判断したんですね。ところが、米国で非常に好調だったために、欧州も日本も遅ればせながら、やっぱり欲しいといいだした。もともと評価の間違いがあり、それを是正したときにはそのための代償を払わなくてはなりません。

――今でも日産の営業利益率は7％台と業界では高い水準です。一方で、人員削減計画を発表していますが、利益を出している会社には、雇用維持という社会的責任もあるのではないですか。

**ゴーン**　私は99年の来日時、衝撃を受けたことがあります。日産では、もっと前に決断すべきなのに決断されていないことが多かった。問題はまったく解決されずに山積みになっていました。だから、急激に大きなリストラをしなくてはならない状況に陥ったのです。すぐに対策を打てば、影響が大きくならなくて済む。

（人員削減の話は）セカンドキャリア支援制度です。退職金も出しますし、引き続き働きたいという人に対しては、職の斡旋もおこないます。これが理想だというつもりはないが、問題を無視しているよりはいいと思います。問題はどんどん大きくなりますからね。そうなると、なにか劇的なことをしなくてはなりません。社会的責任というのは、問題が出てきた時に解決することだと思います。それに、隠さない、棚上げしないということでもあります。そうした会社の問題に解決策を見出すのが、私の義務です。

私は、日本では車の全体需要が下がると見込んでいます。日本市場の全体需要が回復すると思っていれば、セカンドキャリア支援制度はやりませんよ。私は社会的責任を無視しているわけではない。ただ、社長の義務として、問題解決を円滑な形で進めなくてはなりません。

――ゴーン社長のこれまでの経験を見ると、危機に陥った会社を再生することは得意ですけれど、日産のような大きな会社を、再生後、長期的に安定させることは未知の世界ではないですか。

**ゴーン**　私のことを再生が得意とおっしゃったのは、実際に再生をしたからですよね。長期的な安定のことでいえば、日産は99年度、グローバルに250万台を売り、営業利益率は1％だった。それを2005年度には350万台に引き上げた。06年度は最高の年ではなかったが、7・4％の営業利益率を達成した。ですから、この7年間で大きな成長をしていない、とはいえません。台数についても、利益についても拡大しています。私は批判には耳を傾けますよ。そういった否定的な記事も読んでいます。

今、直面している課題は、日産が06年度に少しダウンして壁にぶつかった後で、利益と成長を回復させるということです。それを実現して初めて、日産が力強い会社であると証明できるし、私の経営が近視眼的ではないことや、再生だけではなく持続可能な発展を目指していることを立証できると思います。まだ疑問符がついていらっしゃるということであれば、それを立証することが私の課題です。社長というのは言葉だけでできるものではない。事実をもって、現実に即して語らなければなりません。

――ゴーン社長は以前、「マネジメントはクラフトマンシップだ。経験を積めば積むほどうまくなる」と語っていましたが、今でもさらに経験を積むことで、成長したいと思っていますか。

**ゴーン**　もちろんです。まだ発展途上です。私は引き続き生徒としての精神を忘れないようにしたいと思います。私は職人であり、また生徒でもあります。マネジメントについては謙虚な姿勢で臨まなくてはなりません。自分が教師であると思ってしまうと、もうこれはリタイアです。まだ私が仕事を好きなのは、常に学習できるからです。学べないなと思った段階で、おそらく仕事に対しての愛着も薄れるでしょう。今の状況は、非常にチャレンジングです。すべてに対して解決策があるかどうか分かりませんが、それを見出そうとしています。解決策は教科書にのっているわけではありません。自分自身、社員と一緒に探さねばなりません。

——今まで何回かインタビューして受けたゴーン社長のイメージは、野心的でギラギラした非常にエネルギッシュなものでしたが、決算発表のときは、自信なさそうにみえました。

**ゴーン** （笑）ただですね、記者会見のときは、広報の人間から、あまり早く話しすぎるな、と言われたんですよ。通訳がフォローできない、と。聞いている人たちにも、早すぎると分からないですから。

ただ、今の私は、元気がなくなっている、エネルギッシュではなくなってきている、と思われているわけですね。もちろん、自信の度合いというのは、下方修正の後と好業績のときとでは変わりますよね。私の自信の度合いは確かに揺らぎますよ。だからといって、混乱しているわけではないんですが、私の自信は揺らいでいます。これは確かなことです。

――解決策があると思っているのに揺らぐ、というのはどうしてですか。

**ゴーン**　解決策があるということは分かっていますし、唯一の問題は、どれだけ有効にそれを実行できるか、どれだけの成果を出せるか。問題はそこなんですね。人間ですから、実際に壁にぶつかると揺らぎます。物理的にも、地震があったり、躓くと体が揺らぐじゃないですか。ただ、それでも走り続けますよね。

――腹心のフィリップ・クランを日本に呼び戻したのは、自信がなくなっているからではないですか。

**ゴーン**　クランがフランスに帰任したのは4年前で、それは個人的な理由からです。そういった理由がなくなったので、呼び戻しました。非常にいい仕事をしてくれていて、日産でも評価が高いですから。

――人の懐具合を探るのは失礼なんですが、ゴーン社長は大変高い給料をもらっています。今回の減益で報酬は減るんでしょうか。

**ゴーン**　もちろん下がります。株主に対し、取締役に対するボーナスを支払うようにという提案はしません。今年はゼロです。昨年は、おおよそ3億9000万円を提案していますけれど、今年はそれがゼロということです。そして、給与の変動部分も今年は昨年よりも下がります。

――ルノーからはもらえるのですか。

**ゴーン**　これは正式に公表されていますよ。フランスの法律で報酬は個別に出さなくてはいけないんですね。

――本業とは関係ないんですけれど、ゴーンさんはゴルフをやる人が嫌いだという噂を聞いたのですが、本当ですか？

**ゴーン**　ゴルフはしません。嫌いじゃないんですが、時間がないだけです。ゴルフって時間がかかるでしょう。30分でできないじゃないですか。運転して、歩いて、4、5時間くらい？　できませんよ。仕事を離れると、私には家庭がありますからね。1人でゴルフなんてできません。嫌いじゃないですよ、別に。リタイアしたら、ゴルフをすると思いますけどね。妻はゴルフが大好きですから（笑）。

# 第五章　私物化

## 2011～18年

判断力の低下とともに低迷し始める業績。「チルドレン」が栄達する人事の不条理。ひそかに「私物化」も始まっていた

## 「老害」の第三フェーズ

本章で描くのは、ゴーンが日産の経営の指揮を執ってからの第三フェーズだ。時期としては、2011年3月の東日本大震災以降から18年末に「追放」されるまでにあたる。

この時期に入ると、ゴーンによる経営の負の側面が顕在化しはじめた。過剰な人員削減で職場の負荷は高まり、国内市場では車種削減によって販売店は悲鳴を上げ始めた。人事面においては、実績を出していない外国人の社員や幹部がなぜか優遇されるという不公平なケースが相次ぎ、日本人社員の中に不満のガスが充満していった。

日産の経営は1999年以来、ゴーンの独裁体制であったことに変わりはないが、第一、第二フェーズの頃までは、ゴーンらしい果敢な鋭い判断によって日産の業績を支えてきた面もあった。

しかし第三フェーズに入ると明らかに経営者としての判断力に衰えが目立ち、むしろ「老害」としての側面さえ出てきているように筆者の目には映っていた。

## ゴーンの「賞味期限切れ」

日産は2011年6月27日、16年度までの中期経営計画「日産パワー88」を発表した。

計画名の「88」とは、16年度までに世界市場シェア8％、売上高営業利益率8％を達成するという目標を意味している。10年度決算での実績はそれぞれ5・8％、6・1％に過ぎなかったが、ゴーンは会見で「会社の実力、技術、商品開発、参入する市場に照らすと、このあたりが実力ではないか」と強気の姿勢を覗かせた。そして、「ブランドパワーの強化」「セールスパワーの向上」など、6つの大目標を掲げたのだ。

だが、その目論見は甘かった。序盤の12年3月期決算では、リバイバルプランを彷彿させるリストラによってトヨタやホンダをも上回る営業利益を上げたが、長続きしなかった。結局、パワー88の期間中に世界市場シェア8％、売上高営業利益率8％のコミットメントのほか、ほとんどの目標が未達に終わってしまう。

それればかりか、業績が後退しはじめた。

13年11月1日、日産は14年3月期決算の通期見通しで営業利益が期初見通しより1000億円減少の6000億円、当期純利益が650億円減少の3550億円になると発表した。2期連続の減益が確実となったのだ。他の自動車メーカー各社がリーマンショックの後遺症から立ち直って好業績を発表する中、日産だけが「一人負け」で業績を後退させていた。

その主な要因は3つある。第1に、新たな投資をしておきながら、回収が遅れたことだ。日産は10年に発売した電気自動車（EV）や、東南アジア・中南米といった新興国に大きな投資をしていたが、利益を回収できていなかった。

第2に、商品力の低下だ。自動車メーカーにとってドル箱である北米市場は、リーマンショック後の落ち込みから回復しつつあった。しかし、日産はトヨタやホンダなどの競合他社に比べて、商品の魅力で劣っていた。値引きしないと売れなくなり、収益性が低下していた。東南アジア最大市場のタイでも、日産の商品力は低下していた。当地では「ピックアップトラック」が人気で、トヨタやいすゞはこれを収益の柱としているが、日産製は商品力で見劣りしていたのだ。

第3に、品質管理面での失敗だ。コミットメントありきで焦って事業を急に膨張させたため、管理が甘くなり、大規模リコールが頻発した。

日産はゴーンによって見事に甦った。だが、再建を果たして成長軌道に乗った今、日産がサステナブル（持続的）に発展していくためには、コストカットを中心とした短期的な収益を重視するゴーンの経営手法は、もはや通じなくなっていた。それこそが日産の最大の課題であり、ゴーンの限界でもあった。端的に言ってしまえば、ゴーンの日産の経営者としての「賞味期限」は完全に切れていたのだ。

とくに「商品力の低下」は重大だった。そこをリカバリーしていくためには、腰を据えて「ものづくり」に取り組まなくてはならない。開発体制の抜本的な変更など、長期的な視点での戦略変更が喫緊の課題になっていた。

日産の技術陣にはまだ優秀なエンジニアも多数残っており、潜在能力がある。経営者がそれをもっと活かす方向で経営改革に取り組めば、十分に競争力の高い商品を造ることができるのに……筆者は当時そう感じていた。

## 「志賀切り捨て」で保身に走る

2期連続の減益は、明らかにゴーンの戦略ミスだった。だが、ゴーンはその責任を他の役員に転嫁したのである。

2013年11月1日、日産は2期連続減益の決算を発表すると同時に、最高幹部の人事も発表した。注目を集めたのは、ゴーンに次ぐナンバー2であり日本人トップでもあった志賀俊之・最高執行責任者（COO）が、更迭されたことだ。

ゴーンは日産に来て以来、志賀を重用し続けてきた。志賀は強烈なリーダーシップを発揮するタイプではないが、短期的な収益獲得に走り、地に足の着いた技術開発よりも派手なブランド戦略を好むゴーンに意見ができる、唯一の役員だった。ゴーンはその志賀に責任を押し付ける一方、みずからは社長兼最高経営責任者（CEO）として社業執行のトップにとどまった。

この人事をめぐっては、事前から憶測が流れていた。当初、決算発表は11月5日の予定だったのが1日に繰り上がった。しかもゴーンが出る予定はなかったのに、急遽出席が案内されたことから、「重大発表があるに違いない」とメディアは色めきたった。前日の10月31日夜の時点では「経営責任を取ってゴーンが退任を表明する」との噂まで流れた。ところが、フタを開けてみたら全く逆だったのだ。

中期経営計画の総元締めである志賀は取締役のまま副会長に退き、ゴーンに次ぐナンバー2の地位を外れ、閑職の渉外や知的資産管理などの担当になった。収益管理の役職であるCPO（チーフ・パフォーマンス・オフィサー）を務めていた副社長のコリン・ドッジも閑職に飛ばされた。COOの後任は置かず、副社長だった西川廣人をゴーンに次ぐ第2位の取締役と位置付けた。そして西川に加えて、アンディ・パーマーとトレバー・マン両副社長の3人が、これまで志賀が担当してきた領域を分担する「トロイカ体制」となった。

コミットメント経営を標榜する日産は、業績を落とした部長や課長が更迭されるのが当たり前の会社になっていた。ゴーンの口癖は「ストレッチしろ」だ。日産社内でコミットメントよりもさらに高い目標として位置付けられるのが「ターゲット」である。そこに向けてチャレンジしろという意味である。

もちろん、目標よりさらに高みに向かってチャレンジすること自体は悪いことではない。だが、挑戦しても、すぐに成果が出なければ容赦ない粛清人事が待ち受けていた。それと同じような感覚で、ゴーンが〝糟糠の妻〟の志賀と、ドッジを更迭したと見ることもできた。おそらくゴーンは、これで社内向けには大義名分が立つと考えたのであろう。

しかし本来、収益に関する最終責任は、社長であるゴーンにあるはずだ。だがゴーンは、「大赤字になったり無配当になったりしているわけではない」「株主から経営を負託されている」といったことを〝言い訳〟にして、社長の座にとどまったのだ。

### 隠せぬ「老い」

筆者はその人事が発表された記者会見で、ゴーンに「晩節を汚していませんか？」と単刀直入に質問した。するとゴーンはこう切り返した。

「これは懲罰人事ではない。若返りで実行力を加速させる」

だが、これは詭弁と言わざるをえない。志賀と西川は同い年の60歳だった。そもそもゴーン自身が当時59歳であり、外資系企業ではとっくに引退していてもおかしくない年齢だった。

さらに筆者はゴーンにこう質問した。「業績がさらに悪化して、自信がなくなったのではないか?」。ゴーンからはこんな答えが返ってきた。

「円高や欧州市場の低迷などで経営者は自信がないときもあるが、自信がないとこの仕事はできないものだ。改善の余地はあるが、私には中期経営計画を実行していく自信がある」

こうして言葉だけ読めば自信満々のように見えるが、実際は違った。筆者はゴーンの来日以来、何度も直接面会してインタビューを重ねてきたが、その時の顔つきや表情には、かつての野心溢れるぎらぎら感はなかった。率直に言えば、ゴーンに「老い」を感じてしまったのだ。

その前年の2012年にインタビューした際、筆者はゴーンにこんな質問を投げかけた。「中期経営計画『パワー88』が終わると、社長在任が16年となり、歴代では最長となります。あまり長いと、独裁者と言われませんか？」

　ゴーンの答えはこうだった。

「在任1年でも『独裁者』と言われる人はいますから、任期より心構えや姿勢の問題だと思います。ただ、ご指摘の点は理解できます。やはり自分自身を押し付けてはいけません。続投は株主が業績、配当金、株価を見て決めることです。誰であれ、成果がないのに居座ることはできません。

　ただ、会社や社員とは逆に、リーダーにとっては物事が悪いほど、それだけ自信が生まれる余地がある。自分がどれだけ貢献できるか明白ですから。その点、私は1999年のほうが自信がありました。

　しかしリーダーが自信過剰だと組織は誤った方向に進んでしまいます。正しい方向に進んでいるか、適切な商品を投入しているか、ブランド力の向上にきちんと取り組んでいるか。私は常に自問自答しています」

　自分自身に神妙に向き合った答えのようだが、これはあくまで建前に過ぎなかったのだろう。13年11月に断行した取締役人事を見る限り、ゴーンは経営者としてはすでに限界に来ていたのに、日産に居座ろうとしていたようにしか見えなかった。

一方、ゴーンに次ぐ序列2位に上り詰めた西川の当時の評判は、あまり芳しいものではなかった。「部下への指示が細かすぎる」「ゴーンの顔色ばかりをうかがっていたりする」「世渡り上手」といった声が日産社内から聞こえてきた。西川は、日本にいることが少なくなったゴーンの代役としてリーダーシップを発揮していくタイプではなかった。必然的に、ゴーンへの依存度はますます高まった。独裁体制を維持したいゴーンにとっては思う壺だった。だからこそ、志賀を外して西川を引き上げる人事をしたとも言えるのだ。

当時、筆者はある電子媒体に寄稿した記事で、この人事をこう論評した。

「『ポストゴーン時代』に向けて今の日産に必要なのは、ゴーンの『寝首』をかくようなリーダーシップなのかもしれない。それは、ゴーンの経営手法を健全に否定していくということである」

## 報酬額の虚偽記載

2013年11月の志賀の左遷は、ゴーン逮捕へとつながった有価証券報告書への虚偽記載事件との関連でも興味深い。

ゴーンに人事面で報復されることをおそれて全く意見が言えない役員が多い中、志賀は提携以来の誼みから、ゴーンに多少は意見を言えた唯一の役員だった。筆者は、志賀からゴーンの報酬についてこんな話を聞いたことがある。

「日本の株主の目は報酬が10億円を超えると厳しいので、一ケタ台に抑えてくださいと、ゴーンさんにアドバイスをしているんだ」

10年3月期から、1億円以上の報酬を受け取っている役員については、有価証券報告書に開示することが義務づけられた。それから4年間、ゴーンの報酬は10億円をほんの少しだけ切る9億円台で記載されていたが、志賀がCOOを退任した14年、ゴーンの報酬は10億円台に戻った。もちろん、18年の東京地検特捜部の捜査でわかったように、実際にはその倍近い報酬を貰おうとしていたわけだが、意見を言う人間がいなくなった途端、ゴーンは表向きも報酬をアップして記載するようになったのだ。

志賀は15年から、「日産と親しい菅義偉官房長官からの依頼を受けて」（関係筋）、官民ファンド産業革新機構の会長に着任し、日産に足を運ぶことは少なくなった。両方の経営に関与することは利益相反になるのではないかとの指摘もあったが、ゴーンはそれでも志賀に日産の取締役は続けさせた。第一章で述べた通り、これはゴーンの取締役会での多数派工作の一環であった。

そしてゴーンはすでにその頃、日産という上場グローバル企業をひそかに私物化していたのである。

### 為替スワップ取引の損失18億5000万円を日産に付け替える

2008年秋。リーマンショックの影響で、ゴーンは個人資産の為替スワップ取引において約18億5000万円もの評価損を抱えてしまった。同年10月、ゴーンはその為替スワップ取引で生じた損失を日産に付け替えることを画策した。

この経緯については第一章で詳述したが、いったん日産に損失を含む契約を付け替えた後、当局から目をつけられたこともあり、最終的には契約をゴーン側に戻すことになった。

契約を戻す際、損失を抱えていたゴーンは新生銀行から信用保証を求められた。その際にゴーンに協力したのがサウジアラビアの富豪、ハリド・ジュファリだった。その謝礼として、09~12年にかけて計4回、ゴーンはアラブ首長国連邦の子会社「中東日産会社」を経由して現在のレートで約16億円をこのサウジアラビアの富豪に振り込ませたとされる。

なお、ゴーンは東京地検特捜部の取り調べにおいて、この富豪への資金振り込みは「中東日産会社のトラブルを解決してもらったことと、現地の政府関係者らにロビー活動をしてもらったことへの謝礼」と供述したという。

これらの行為が違法かどうかは、最終的には裁判所が判断することだ。しかしながら、損失を含む契約を自身の資産管理会社に最終的には戻したとはいえ、いったんは日産への付け替えをおこなったということは、ゴーンが自分の地位を利用して会社を食い物にしようとしていたと見られてもやむをえないだろう。

自分の報酬の虚偽記載容疑についても、一部報道によると、取り調べに対してゴーンは「額が公になれば、社員のモチベーションが下がると思った」と供述しているという。この供述が事実とするならば、ゴーンは日本の社員・株主を中心とする世間から批判の目で見られていたことを自覚していたということになる。そうした批判を承知の上で、巨額の報酬を隠したかったということになるだろう。

司法の判断とは関係なく、経営者としての道義的責任という観点から見た場合、これらのゴーンの行為は何と身勝手なものかと、筆者は驚きを禁じえない。

企業トップのモラル低下は、必ず現場に悪影響を及ぼす。当時すでに日産の社内では、社員たちのモチベーションは大きく下がり始めていたのだ。

## 露骨な「ルノー出向者優遇」

ゴーンの「老害」が目立ち始めた2013年頃から社内の雰囲気も変わってきた。米国勤務が長い元幹部は当時の社内の模様をこう明かした。

「志賀さんの退任の頃から、中間管理職以下のモチベーションが大きく下がった。その理由は、『とにかく給料が高い日本人は減らし、安いインド人を採用しろ』といった指示が外国人上司から出るようになったからです」

この元幹部は、ゴーン逮捕の第一報に接した時も、驚きはなかったという。

「ゴーンが有価証券報告書への報酬の虚偽記載で逮捕されたというニュースを聞いても、私は全く驚きませんでした。社内では以前から『ゴーンは裏報酬をもらっている』という噂がありましたので」

現役の日産幹部によると、ルノーからの出向者に対する厚遇ぶりも目立っていたという。

「日本人社員を肩たたきする一方で、ルノーからの出向者は特別扱いでした。同じ職場には、役員でもないのにクルマも付き、家賃が月に200万円もするような超高級マンションに住んで贅沢な暮らしをしているルノーからの出向者もいました。給料も日産本社が負担し、総労務費はルノーから1人受け入れると年に5000万円近くかかっていました。

それでちゃんと働いてくれるなら別ですが、観光旅行気分でたいして働かないフランス人も多かった。ルノーからの出向者が1人帰ってくれれば、若い優秀な人が3人雇えます」

筆者は日産関係者を取材するたびに、同様の指摘を数多く聞いた。中枢部門にいたOBはこう語った。

「日産における外国人の福利厚生は、社内規定にもない別格扱い。これもゴーンの指示によるものだったと聞いています。日本に出向すれば良い生活ができるということでみな喜び、こうした外国人がゴーンを必死で支えたのです。

その一方で、ゴーンは用心深く、外国人がけっして一枚岩にならないように分断統治していました。ルノー出身者と、日産の現地法人で採用されていた外国人との間には待遇で差をつけ、ルノー出身者を厚遇し、他の外国人が嫉妬するようにしていた。ルノー出身者の場合、役員でもないのに破格の待遇を受けるケースも多く、そうした者の場合は福利厚生を含めた総労務費が年間1億円くらいかかっていたかもしれません。

1999年に提携した頃から、会議で日産の生え抜きとルノー出身者とが対立すると、『日本人は経営に失敗したのだから、ルノーから来た人の意見に耳を貸しなさい』といった感じでした。当時、それは仕方のない面もあったのですが、いつの間にか『ルノー出身者は偉いが日本人はダメ』と決めつけられるようになり、福利厚生面でのルノー出身者の特別扱いもエスカレートしていきました。夏に職場で麦茶を用意していると、『日本人はこんなにまずいものを飲んでいるのか』と言って蔑むフランス人もいたほどです」

こうした状況に対し、「日産に対するルノーの収奪が激しくなってきた」と語る現役社員もいたほどだった。

## e-POWER導入反対者が栄達を遂げ、功労者が左遷される不条理

EVなど最先端の技術戦略を練る部署でも、強引なルノー支配が強まろうとしていた。EV「リーフ」の開発に関わった技術系の元幹部が指摘する。

「EV製造の際、最低でも耐久性が10年は必要な重要部品があるのですが、その部品は日立製作所から調達するつもりでした。ところがルノーから横やりが入り、同社の息のかかったオランダメーカーの部品を採用しろと言われたのです。そこでオランダメーカーの部品を調べてみたら、なんと耐久性が3年程度しかなかった。もちろん拒否しました」

日産vs.ルノーの攻防が頂点に達したのは、ガソリンエンジンを発電機のみに使い、モーターの力で走るハイブリッド技術「e-POWER」を、人気コンパクトカー「ノート」

に搭載しようとした時のことだ。この技術は日産が開発したものだが、ルノー側は別の技術を採用しようとしていたという。

ルノー出身でノートの収益責任を預かっていたプログラム・ダイレクター（商品企画と収益管理の両方を担当する日産独特の役職）のカトリン・ペレスは「こんなクルマは売れるわけがない」と主張し、e－POWER導入に猛烈に反対したとされるが、結局、日本側が押し切って売り出した。ハイブリッド技術でありながら、EVの乗り心地がする「ノートe－POWER」は燃費規制が厳しい海外でも売れそうだが、なぜか日本市場限定商品となった。

皮肉なことに、ペレスの予想に反し、ノートe－POWERは17年度に国内のコンパクトカーで販売台数1位となり、日産の国内営業を支える屋台骨に成長した。

ところが、ノートe－POWERが売れ始めると、ペレスは社内で「あれは私が企画した商品だ」と吹聴して回ったという。そしてあろうことか、それを信じたゴーンがペレスを常務執行役員に昇格させたのだ。一方、e－POWER開発の責任者を務めた矢島和男は、閑職に左遷された（その後、矢島は退職して起業）。

「こんなおかしな人事はみたことがない」（元役員）と、不可解な人事に首を傾げる社員が日産社内に多くいた。

## 社内に充満する西川への不満

多くの日本人社員は、たとえ頑張っても、日本人というだけで報われることがないと感じ始めていた。そして、「怒りの矛先は、ゴーンの言いなりになって動く日本人トップの西川廣人に向けられ始めた」（元役員）。

志賀がCOOを退任した後、ゴーンの後任社長候補の最右翼にいたのは西川だった。

時を同じくして、ゴーンの後継者と目されていた外国人役員が次々と日産を去り始めた。2013年には、日産で副社長までのぼりつめ、仕事ができると評判だったルノーCOOのカルロス・タバレスが退社。同じフランスの自動車メーカー、プジョー・シトロエン・グループのCEOに就いた。かねてからタバレスはゴーンの後継者であることを公言しており、それが逆鱗に触れて日産を追放されたのだと囁かれた。

14年には、欧州日産からの叩き上げで企画担当副社長を務めていたアンディ・パーマーが退任し、イギリスのアストン・マーティンCEOに転じた。東南アジア駐在経験が豊富な元幹部は「アンディは西川と喧嘩し、それが原因で日産を離れた」と語っていた。

「アンディは夫人も日本人で、日本のことをよく理解していた。クリスマスの時期になると、サンタクロースに扮装してがんセンターを訪れ、病気の子どもにプレゼントを配るなど、気配りのできる男だったのに……。

一方、西川は日本人社員に人気がない。『黒い目をして青い血が流れている』などと言われるほど。『こんな人が日産の社長になるくらいならば、青い目をしていても日本人の心をもっているアンディの方がよかった』と語る日本人社員もいました」（別の元幹部）

## 世界一への野望

2015年になると、ルノーの筆頭株主であるフランス政府が、ルノーと日産の経営統合を目論み、動き出す。第一章でも述べた通り、この時はゴーンが日産側に立ってフランス政府の要求を撥ね除けたが、日産とフランス政府の間にしこりが残った。当時、フランス政府側で経済産業相として経営統合を仕掛けようとしたのが、現大統領のエマニュエル・マクロンだった。

だが、この頃のゴーンは経営統合のことよりも、とにかく日産－ルノー連合の規模を拡大する野望しか頭になかったと見られる。経営者として年齢的にも能力的にも限界に来ていることは、誰よりもゴーン自身がよくわかっていたはずだ。ゴーンとしては、日産－ルノー連合を世界最大の自動車連合に育て上げ、そのトップとして花道を飾ることが自身のキャリアプランだったのではないかと思われる。

ゴーンは移民の子としてブラジルで生まれ、学生時代はレバノンやパリなどを転々とし、ビジネスマンになってからも世界を飛び回ってきた。英語、フランス語、ポルトガル語、アラビア語などを流暢に使いこなす。こうした生い立ちもあって、異民族、異文化といった多様な価値観の中で自分の存在感を見せつけるには、最終的には地位と名誉、そしてカネしかないとの考えを抱くようになったのではないか。

キャリアにまつわるエピソードとしては、こんなことがあった。09年、当時、世界最大の自動車メーカーだった米国のゼネラル・モーターズ（GM）が経営破たんした。GMは経営悪化し始めた頃から、再建屋としてゴーンの力量に目をつけていた。そのため、「ゴーンはGMのCEOに転職するのではないか？」といった情報が自動車業界で流れた。

現にそのプランはあったようだ。GMは米国を象徴する企業であり、「星条旗そのもの」と言われたほどだ。それゆえ、倒産後は米国政府が一時国有化し、再建を支援した。そんな名門企業の再建を果たせば、地位と名誉、そして巨額のカネも手に入る……壮麗なキャリアのフィナーレを考え始めたゴーンにとって、魅力的なプランであったことは想像に難くない。

### 三菱をタナボタで手に入れる

そんなゴーンに、全く別のところから千載一遇のチャンスが転がり込んだ。三菱自動車工業（三菱）への資本参加だ。この両社の提携は、わずか2週間余という大企業の資本提携にしては異例の猛スピードで成立した。

ことの発端は、2016年4月20日、国土交通省における相川哲郎・三菱社長（当時）の記者会見だった。同社が製造する軽自動車「eKワゴン」など4車種62万5000台で、燃費を実際よりもよく見せるために試験データの数字を10％程度水増ししていたことを明らかにしたのだ。

燃費データの不正発覚後、三菱の株価が半値近くまで下落。ゴーンはそれを見逃さなかった。即座に資本提携を持ちかけたのはゴーン側からとされる。大型連休直前から交渉に入り、実質1週間程度でまとめ上げた。「弱ったカモを逃がすまい」とばかりに、ゴーンの決断は早かった。

連休明け間もない5月12日、日産と三菱は緊急の共同記者会見を開き、日産が三菱に34％出資すると発表。日産は2370億円を投じて三菱を傘下に収めることになった。日産－ルノー連合に三菱が加われば、世界販売で950万台程度（当時）に達する。約1000万台を売る世界1位のトヨタ自動車グループに肉薄し、独フォルクスワーゲン（VW）や米GMとほぼ肩を並べる世界2位グループに一気に浮上できる。ゴーンが狙う「世界一の連合」への足掛かりができたのだ。

会見の場でゴーンは「両社の提携は広範囲に及ぶ戦略的なアライアンスでWIN－WINの関係だ。これから新しい旅が始まろうとしている」と語り、高揚感を隠さなかった。一方、同じく会見に臨んだ三菱自動車会長兼CEOの益子修は開口一番、「ゴーンさん、ありがとうございます。この場にいることが光栄です」と、へりくだった感じで切り出した。

筆者も会見の場にいたが、ゴーンは笑顔ながらいつもより眼光鋭く、獲物を見つけた鷹のような目つきだったのが印象的だった。ゴーンにとって、三菱は弱り果てて抵抗する気力もないカモ以外の何物でもなかったのだ。

日産の役員は当時、「これほどおいしい買い物はない。まさにカモがネギを背負ってきた状態」と語っていた。実際、三菱の業績は悪くなく、16年3月期も売上高は前期比4％増の2兆2678億円、営業利益は2％増の1384億円となり、2年連続で過去最高益を計上していた。収益率の高いSUVが売れ、コスト削減が進んだことなどが大きな理由だった。三菱は00年と04年に大規模リコール隠しが発覚し、一時は経営危機に瀕していたが、14年に優先株償却と第三者割り当て増資によって、財務体質も大幅に改善されていた。

日産が34％出資するには、株価下落前ならば5000億円程度の資金が必要だったが、その半値近くの2370億円で三菱の事実上の経営権を取得できた。三菱は財務体質が改善されたため4500億円の現預金も持っており、ゴーンはその資金も支配下に置くことができた。まさにカモだ。

しかも燃費データ不正問題は、海外での販売にはほとんど影響がなかった。もともと三菱の販売が強いのは東南アジアや豪州、中近東で、国内販売は全体の10％程度の約10万台しかなかった。とくに東南アジアでの利益率は日産を上回っていた。日産が得意ではないSUVと東南アジア市場に三菱は強みを持っていたことから、規模と利益の拡大に野心を隠さないゴーンにとっては、格好の獲物だったのだ。

肝心の製造においてもメリットがあった。

「軽自動車の生産には独特のノウハウがある。三菱は、我々では考えつかないような安い設備と工法で車を造るノウハウを持っており、軽の工場の固定費は安い」（日産役員）

そのノウハウは、新興国市場攻略の低価格車にも用いられる。そうした点でも三菱の軽の生産技術は日産にとって垂涎の的だったのだ。

## 西川社長への不満が爆発

ゴーンの指示を受けて、三菱との交渉の実務を仕切ったのは日本人トップの西川だった。その西川は三菱との提携発表の1年後の2017年4月、ゴーンから社長兼CEOの地位を禅譲された。1996年に社長に就いた塙義一以来、21年ぶりの日本人社長の誕生となった。筆者も出席した就任後の共同インタビューで、西川は次のように語った。

「日産が経営危機に陥ってルノーと提携してこれまで受け身の面もあったが、今後は日産がアライアンスの中核となって引っ張り、着実に進化、成長させていく」

この発言を聞いて筆者は、西川が日産の経営の主導権をフランス政府・ルノー側から取り戻すつもりなのだろうと受け止めた。ゴーンの言うことには徹底して服従し、爪を隠してきた西川だが、社業執行のトップになるやいなや、ルノーとの関係性について大胆な発言をした。――今から振り返れば、この頃からすでに西川は〝反旗〟を翻す準備をしていたようにも見える。

だが、日産社内の見方は冷ややかだった。

「西川はゴーンやルノーと近く、これまでフランスの手先のように動いて日本人をいじめてきたのに、社長になった途端に手のひらを返したようにリーダーシップを発揮しようとしている。西川だけは支えたくない」――そんな声までもが日産関係者からもれ伝わってきた。

当時の日産社内は、ゴーンが遺した負の遺産とルノーの搾取に対する不満のガスが充満し、爆発寸前だった。そして、社員たちの怒りの矛先は、必然的にゴーンの「忠臣」だった西川に向けられ始めていた。

その不満は思わぬ形で爆発した。17年9月、新車を出荷する前の「完成車検査」で不正がおこなわれていたことが発覚。国土交通省が日産の工場に抜き打ちで立ち入り検査を実施したところ、資格を持たない社員が完成車検査の一部を担当していることがバレてしまったのだ。あるＯＢは、検査不正が横行していた背景についてこう分析する。

「西川が副社長時代、国内工場のリストラを推進して人員削減をおこない、現場への負荷をかけ続けたんです。とくに減らしたのが品質保証関連の人員。その結果、現場の人間が圧倒的に足りなくなってしまった。このことが検査不正の原因の一つです」

またある日産関係者は「工場では、国土交通省の検査を大歓迎している。西川や経営トップが記者会見で困る姿を見て、現場の作業者は溜飲を下げて大喜びしていた」と語る。さらに別の関係者は「会社の体制に不満を持つ社員たちが、国土交通省や朝日新聞に情報提供をしていた」とまで口にしていた。これが事実であれば驚くよりほかない。

確かに不正発覚のタイミングは絶妙だった。40年も昔からおこなわれていた不正なのに、発覚したのは東京モーターショーが開幕する約1カ月前。日本自動車工業会会長を務めていた西川は、この年のショーの「ホスト役」だったが、不正発覚によってその大役を辞退せざるを得なくなった。

西川を困らせるような不祥事はさらに続いた。17年11月6日、日産は不正再発防止策を講じて出荷再開を発表すると、翌7日の朝日新聞朝刊1面で「国の監査時だけ無資格者を外していた」とスクープされてしまう。さらにその翌8日は決算発表の日だったが、同じく朝日新聞が朝刊1面で「検査員の資格試験の解答を漏洩していた」と報じた。記事では、「(試験官に)答えを見せてもらいながら解いた」「問題と解答が一緒に配られた」「試験官が解答を置いたまま退席した」などといった証言まで紹介された。

これらはいずれも日産社内のごく一部にしか知られていなかった情報だが、いとも簡単に外部に漏れた。しかも連続して、絶妙のタイミングで。そこからは、徹底的に西川を揺さぶりたいという思惑が透けて見えた。

### ゴーン支配の終焉

一方のゴーンは、検査不正が発表される2週間前の2017年9月15日、パリで記者会見し、「日産－ルノー－三菱」の3社連合の中期経営計画「アライアンス2022」を得意げに発表した。当時ゴーンは3社連合の中長期戦略を練る仕事に集中しており、「アライアンス(同盟)会長」と呼ばれていた。

記者会見は米国や日本ともインターネットでつないでおこなわれた。ゴーンはその中で、グローバル販売台数を22年までに1400万台に拡大することや、運転手のいない完全自動運転車を投入していく考えを表明した。

3社連合の17年1～6月のグローバル販売台数は前年同期比7%増加の約527万台で、独VW、トヨタの両グループを追い抜き、初の世界1位の座を獲得したばかりだった。年間を通じては1050万台を見込んでいた。計画通りに1400万台を達成すれば、今後5年間で現状から33％も販売を伸ばすことになり、圧倒的な世界1位となる。

そしてゴーンが最も重点を置くのがシナジー効果だった。共同購買や設計の共通化などによって3社で年間50億ユーロ（当時のレートで約6500億円）のシナジーを生んでいたのを、年間100億ユーロ（同約1兆3000億円）にまで拡大していくことを表明したのだ。ゴーンの規模拡大への野望がむき出しになっていた。

しかし、ゴーンが経営者として最後の花道を飾るべく規模拡大に猪突猛進していた頃、日産内部におけるゴーン支配の構造は崩壊し始めていた。ゴーンが会社の資金を私的に不正流用していたことが発覚したのは、18年春ごろの内部告発が発端とされる。ゴーンが有頂天で「アライアンス2022」を発表した、わずか半年ほど後のことだ。

じつはこの頃には、日産社内で「ゴーンが海外に贅沢なマンションをたくさん持っている」といった噂が流れ始めていた。おそらく、給与や人事など待遇面で不満を感じ、ルノーに搾取され続けていることに憤懣をつのらせていた現場の社員たちが、経営層に自浄能力がないと判断し、外部に情報を提供したり内部告発を始めたりしたのではないか。

西川はゴーンが逮捕された18年11月19日夜の記者会見で、「1人に権限が集中した当社独自の事情」で不正が起こったと語った。それゆえ、1人に権力が集中する企業統治のあり方を見直す必要がある、と。

だが、日産の企業統治崩壊の原因を、「単にゴーンひとりの行き過ぎた独裁」と結論づけるのには疑問が残る。

確かに、ゴーンが長期にわたって独裁的な権限を持ち、会社を私物化した責任は重い。しかし、その私物化を許してきた他の取締役、とくにゴーンの取り巻きを務めてきた西川や志賀に責任はないのか。多くの社員やOBは「西川と志賀はゴーンの不正を薄々知っていたはずだ」と指摘する。とりわけ西川は、ゴーン、ケリーと並ぶ3人の代表取締役のうちのひとりなのだ。

かつて百貨店の三越で「岡田天皇」と呼ばれたほどの権勢を誇った岡田茂社長は、その公私混同ぶりに業を煮やした部下たちの造反により、取締役会で電撃的に解任された。そして後日、岡田は東京地検特捜部に特別背任容疑で逮捕され、実刑判決が下された。本来なら日産も厳正な社内調査によってゴーンの不正を洗い出し、取締役会でゴーンの解任を決め、その後に司直の判断を仰ぐべきだった。

それができなかったのには、大きな理由がある。西川と志賀の「不仲」をゴーンが巧みに利用し、取締役会で多数決を取ればゴーン側につく人数が必ず多くなるようなガバナンスにしていたからだ。そのため、ゴーンの不正が度を越していても取締役会では制御できず、検察の力に頼るしかなかったのだ。

## もし塙が生きていたら……

第二章から第五章まで、ゴーンが日産の経営トップとして君臨した19年間を3つのフェーズに分けて見てきた。

筆者にはゴーンが逮捕されたからといって、これみよがしにゴーンを個人攻撃したり名誉を貶めようという意図はない。これまで筆者はゴーンの経営スタイルを評価する時もあれば批判する時もあり、是々非々で臨んできた。今回の論評も中期経営計画の達成度合いと、関係者の証言などを織り交ぜながら冷静に分析したつもりだ。

ゴーンには経営者としての卓越した功績もあれば、その上に胡坐をかいて自身が堕落していった「罪」もある。功罪相半ばするといったところだろう。

ここからはジャーナリストという立場を少し離れ、個人的な感情も交えながら語らせていただきたい。

筆者は1995年5月、朝日新聞の地方支局から同紙名古屋本社の経済部に異動した。同年10月にトヨタ担当となって以来、愛知県豊田支局員を兼務していた時期も含めて、地を這うように自動車産業の現場をウォッチしてきたつもりである。

そして98年8月に東京経済部に転勤となり、今度は日産担当になった。当時の上司からは「日産の経営状況が悪いので、自動車産業のことを理解しているお前がやってくれ」と言われたことを憶えている。いざ日産担当を引き継いでみたら、なんと「日産倒産」の予定原稿が用意されているという状況だった。そこから99年3月に日産とルノーの提携が成立するまで、ほとんど休みなく日産の取材に追われた。

当時の社長は塙義一だったが、筆者は塙が飛行機で出張するのに同乗して追いかけ回したこともある。塙はいつも苦痛の表情を浮かべていた。いま自分が背負っている名門企業の行く末が危ぶまれる中、心労が重なっていたのだろう。

99年3月13日。筆者は塙がルノーとの提携の最終交渉でパリに向かうことをキャッチし、全日空205便の搭乗口で待ち構えた。そして塙らから最終確認を取り、その日の朝日新聞夕刊1面トップに速報記事を押し込んだ。結果的にこれがスクープとなった。

3月27日、経団連会館で塙とルノー会長のシュバイツァーが記者会見し、正式に提携を発表した。その際の塙の笑顔は、これまで見たことがないほど晴れやかだった。塙は「寿司にはシャルドネが合う。うちの技術陣とルノーの技術陣の相性は良さそうだ」と語った。寿司にフランスの白ワインが合うことにたとえ、両社の企業文化を融合させていきたいという意気込みが感じられた。

実際、一時期の両社はお互いの長所を認め合っていた。資本的にはルノーが日産を支配していたが、アライアンスで「対等の精神」を打ち出し、お互いに学び合っていたからだろう。国をまたいだ自動車メーカー同士の資本提携は長続きしないケースが多いが、日産－ルノー連合は例外的に20年近く続いてきた。それはまさに精神的な対等関係が奏功したからだ。

本章で紹介したように、「日産がルノーに搾取されている」「ルノー支配が強まった」といった一面があったことは事実だ。しかし、お互いが経営資源を持ち寄りながら激しい国際競争に立ち向かうというアライアンスの理念の下、両社の行動に一定の経済合理性があったことは間違いない。

筆者は財界人の「お別れの会」の類にはほとんど出ないが、塙が鬼籍に入った時には献花して祈りを捧げた。人生の大先輩に対して失礼な表現かもしれないが、「戦友」のように思えたからだ。

その塙がいま生きていたら、ゴーンの不正と、それに端を発した日産とルノーの関係悪化について、どう思っただろうか。

## ゴーンインタビュー（2018年4月）

——日産とルノーがいずれ経営統合する可能性があるとの報道もあります。ゴーンさんはこれまでアライアンスの重要性について、お互いが独立したうえで人材や技術などの経営資源を持ち寄る形態が、日産とルノーの提携が成功した原因だと言い続けていましたが、少し考え方が変わったのですか。

**ゴーン**　とんでもない。考えは変えていません。アライアンスを成功に導いたのは、様々な文化、様々な会社の人間が一緒に協力をしてきたからに他なりません。日産はアライアンスとともに成長しました。利益も出て力強い会社になりました。ルノーも然りです。三菱自動車もアライアンスのパートナーに加わり、成長や豊かさを追求しています。3社の関係は維持したいと思っています。私は別に気が変わったわけではありません。

ただ、3社の提携が成功して持続的なのは、「一部の人たちのおかげではないか」「その人たちが退任したらどうなるのか」と言われ始めているのです。一部の人たちがいなくなった後でも、提携が続くにはどうしたらよいかが問われているのです。

臆測が乱れ飛んでいます。「唯一の手段はやっぱり合併するしかない」という人もいます。それは唯一の手段ではないと思いますが、確かに一つの選択肢ではありますよね。しかし、他にもいろいろ手段は考えられます。アライアンスはすでにもう絶対に不可逆的だと私自身は思っているんです。なぜなら、みんなアライアンスから利益が生まれているからです。メリットを享受しているのに、どうしてわざわざ疑問視しなければならないのですか。すでに提携は不可逆的だと思っているんです。

ただ、中には「ゴーンさん、あなたがいるからそう思うんでしょう」と言う人もいるのです。「各社のことを分かっているゴーンさんがいるからうまくいっているんだ」と言う人がいます。「では、あなたがいなくなったらどうするのよ」と。

――ズバリ聞きますが、ゴーンさんが退任してもアライアンスが続く体制を考えるということですか？

**ゴーン**　そうなんです。まさにその通りです。今問われているのは、私と改革を進めてきた世代がいなくなった後、どうするのですか、ということです。新しい世代の人たちは、過去のアライアンスの発足時の精神のことは分かってないかもしれない。そうした指摘自体は無視できません。もし私が自己中心的だったら無視してもいいんですよ。「私の後なんか私の問題じゃないからいいや」と思ってもいいわけです。しかし、そんなことは言えません。私には、5年後、10年後のアライアンスの将来に備える責任があります。

私は気が変わったわけではありません。19年間にわたり、私のことをご存知でしょ。見ていらっしゃいましたよね。私はマネジメントの原則、そして価値観についても申し上げて、それを実践に移してきました。そんなの今になっても変わりませんよ。

いずれにしても、アライアンスをどのように進化させるのであれ、やはり全面的に日産とルノーと三菱の賛同を得なければならない。それに加えて、2カ国の賛同が必要です。アライアンスのベースである日本とフランスの合意がなければ、どのような進化もあり得ません。合意が形成できなければ、はっきり言って現状維持です。それしかない。そのまま従来のやり方でやるしかないわけです。今申し上げた関係者が全員合意をした上で初めて動くということなんです。ですから別に緊急性があるわけでもないし、別に火事が起こっているとか、そういうことではありません。

ただ、それでも懸念があるんです。つまり、持続可能性です。どうやってアライアンスを持続させるのか。将来的にリーダーが誰であれ、誰が統括するのであれ、継続させるためにはどうすればいいのかということです。多くの憶測が乱れ飛んでいます。「絶対に合併だ」とか「フランス政府が求めている」とか「日本政府は嫌だと言っている」とか。結局それは一部のメディアが騒いでいるだけなんです。短期的にそんな緊急性があるわけではないんです。

――フランスのフロランジュ法（2年以上株式を保有すると議決権が2倍になるなどの法律）の関係で、フランス政府の意向が強くルノーに働き、それが日産にも及んでくるのではないかとの危惧があると多くのメディアは受け止めています。

**ゴーン**　それは分かっているんです。ただ、一つ申し上げたいことがあります。私はどのようなことであろうとも、私の信条に外れたことは決してしませんし、あるいは、私のこれまでのマネジメントの経験から外れたことは決していたしません。さらに、日産、ルノー、三菱のそれぞれの利益に反することは決してしません。これは明快に申し上げておきます。もし何か動く場合でも、先ほど申し上げた通り完全に3社が合意したうえでないとやりません。全面的に各社が賛同しなければ、何もやりません。

――ゴーンさんのルノーCEOの任期は2022年までですが、それまでに人に依存しない新しい組織というのはできますか？

**ゴーン**　そうしたいと思っています。まだ時間はあります。妥当な合理的な期間だと思います。22年までに最終的に解決策を見出す、それによってみんな快適に感じられる、安心を持てるというようなものはできると思います。

――分かりました。ゴーンさんは今64歳です。経営者を辞めた後のことは考えていますか。

**ゴーン**　ご存知のように、私は日産と三菱の会長、そしてルノー社長ですが、最も重要な役割は、3社アライアンスの会長兼CEOであるということです。日産は西川（廣人社長）さんにやってもらい、三菱は益子（修CEO）さんに統括してもらっている。そして、ルノーではCOOを任命しました。ティエリー・ボロレです。私もサポートしています。ただ、私は、3社をうまく連携させて、ちゃんと機能統合をさせて、そして前進させるアライアンスの仕事に注力しています。22年まではアライアンスのトップを務めますが、他の仕事は代わるかもしれない。

――リタイアした後の人生の目標はありますか。「日本は私のアイデンティティの一部だ」と言われていますが、日本ともずっとかかわっていこうと思っていますか。

**ゴーン**　もちろんそうしたいと思っています。まず、私の任期が22年までと申し上げましたが、だからといってリタイアするという意味ではないかもしれないですよ。任期は22

年までですね、ということだけです。

次に、日本はまさに私の人生の一部です。日本に住んでもう19年ぐらいになりますでしょうか。私がリタイアするのはいつか分かりませんが、その時でも私はやはり日本とかかわり合っていきたいと思っています。今までとは違う側面で。日本には思い出もあるし、友達もたくさんいます。私は人生の大きな部分をここで過ごしました。幼い時に日本で過ごした子どもたちはよく今でも日本に来ています。日本の文化との間に絆があります。日本はまさに私の人生の一部です。

——ということは、22年以降もアライアンスのトップをやっている可能性はありますか？

**ゴーン** ちょっとまだまだ先のことじゃないですか。生き残っていて健康であったら、それだけでも大きな目標じゃないですか。ただ、私は役に立つ限り奉仕し続けます。アライアンスと各社に奉仕を続けます。ただ、役立つ限りにおいてです。

# 第六章　ゴーンなきあとの日産　自動車産業の未来予想図

ゴーンを止められなかった日本人役員に責任はないのか？
そして日本の自動車産業は、大変革期を生き残れるのか？

## 「クルマのスマホ化」という大革命

20年近く日産自動車の経営トップに君臨してきたカルロス・ゴーンの逮捕は、ひとつの時代の終わりを意味する。ゴーン以降、日産はどのような形の経営を目指すのだろうか？

一方、日産のみならず、世界の自動車産業そのものが、時代の転換点に直面している。20世紀は「自動車の世紀」と言われ、自動車産業が経済発展をリードしてきた。しかしここ数年、異業種から自動車産業への参入が相次ぎ、競争のルールが変わろうとしている。たとえば代表的なプラットフォーム（基盤）提供企業であるグーグルやライドシェアのウーバーなどが台頭し、トヨタの2倍近い研究開発費を自動運転システムの開発等に投じている。

自動車産業界では、CASEと呼ばれるキーワードで業界の大きな変化を言い表すことが多い。Connected（つながるクルマ）、Autonomous（自動運転車）、Shared（配車サービスなど）、Electric（電気自動車）の頭文字だ。いずれの分野でもITとの関係性が深まっている。電気自動車（EV）開発においても、メーカーは顧客のビッグデータ収集に余念がない。たとえば、電池の残量がどれくらいになればユーザーが充電しているかを把握して次の開発に活かそうと、メーカー側が無線などを通じて顧客情報を吸い上げている。インターネットとクルマが常時接続になれば、こうした技術は当たり前になる。

今後、自動運転システムを搭載したクルマやEVが続々と市場に投入されてくるだろう。自動車同士が双方向で通信しあって渋滞や事故を防いだり、無人運転の配車サービスがタクシーの代わりに日常の足となったりする時代もまもなくやってくるだろう。こうした変化は、携帯電話がスマートフォンに置き換わったことになぞらえ、筆者は「クルマのスマホ化」と呼んでいる。

こうした「100年に1度の大変革」の中で、日本の自動車メーカーは生き残ることができるのだろうか？

## ルノーとフランス政府はどう出るのか？

衝撃のゴーン逮捕から3日後の2018年11月22日、日産の取締役会は全会一致でゴーンの会長職解任と代表権のはく奪を決議した。取締役会の席上、ゴーンが手を染めてきた数々の不正の詳細を列挙した社内調査の内容が公開され、参加した取締役たちは声を失ったという。

ただ、その時点では、ゴーンは依然として日産の取締役にはとどまったままだ。取締役の人事は株主総会での承認事項であるためだ。日産としては、いずれ開かれる株主総会において取締役も退任させたい意向だ。

日産にとって最も気がかりなのは、ルノーとフランス政府の出方だ。フランス政府はルノーに対して15％超を出資する筆頭株主である。もともとルノーは国営企業だったことから政府との結びつきが強く、CEOの任命権は事実上、フランス政府が持っている。

そのルノーは日産に約43％出資する筆頭株主である。つまりフランス政府の意向がルノーを介して日産の経営に及んでくる構図となっている。この構図はゴーンがいようがいまいが、株式の持ち分比率の構造が変わらない限り、動かない。

日産とルノーとの間で結ばれている「提携合意書」は、15年に改定され、日産が決める取締役人事についてはルノーが反対できないように変更されたとされる。このため、日産が株主総会でゴーンの取締役退任の承認を求めても、ルノーは反対しないと見られる。

しかし、日産株式の43％超を保有している以上、ルノーは日産に役員を送り込む権利はある。また、提携合意書には「ルノーは日産に最高執行責任者（COO）以上の役職を送り込むことができる」との趣旨が明記されているとされる。ゴーンの代わりにルノーが日産にどんな人物を送り込んでくるかが、今後のカギとなる。

## 日本人役員に求められる覚悟

すでに日産はルノーに対する「防御線」を敷き始めている。

日産は2018年12月17日の取締役会で、社外取締役と外部の有識者で構成される「ガバナンス改善特別委員会」を設置することを決議したと発表。ガバナンス改善特別委員会は、ゴーンによる不正がなぜ起きたのかを外部の視点をもって企業統治の面から検証するのが狙いだ。日産社長の西川廣人は取締役会後の記者会見で、雄弁にこう語った。

「1人に権限が集中した当社独特の事情があったので取締役会の構成はどうあるべきかをまず議論してもらいたい。そして、日産－ルノー－三菱自動車の3社連合の観点から見たガバナンスはどうあるべきかも検討していただければと思っている」

記者会見で西川は、「重大な不正」「ガバナンス」という2つの言葉を頻繁に使った。ゴーンに権力が一極集中した異常な企業統治の形態が重大な不正を招いたのだと強調したかったのだろう。これは同時に、ルノーからゴーンに替わる新たな取締役を受け入れても、その人物には絶対に暴走させないとの姿勢を打ち出す狙いがあったと見られる。

当初は、この日の取締役会でゴーンの後任会長を決める予定だった。しかし、社外取締役の豊田正和（元経済産業審議官）を委員長として後任選びをおこなう第三者委員会を設置し、人選を検討してきたが、結論には至らなかった。その理由は、社外取締役を中心に「会長選びよりも日産のガバナンス（企業統治）の改善を優先すべき」といった意見が相次いだからだという。

この点について西川は「後任選びは慎重におこない、せかすつもりはない」と語った。まずは日産主導で新たな企業統治体制を作って、その後にルノーから取締役を受け入れたいということだろう。ルノーの言いなりにはならないという日産の姿勢が表われているといえる。

だが筆者は、こうした日産の姿勢にも一抹の危惧を禁じえない。

日産とルノーが最初の提携合意書を交わした1999年3月の時点では、当時の日産関係者によると、「ファースト・バイスプレジデント（筆頭副社長）を超える役職は受け入れない」などとする文言が盛り込まれていたという。これは「経営トップをルノー側から受け入れることはない」という意味のはずだ。ところが、のちに提携合意書はルノーやゴーンに都合の良いようになし崩し的に改定されてきたという。

当時の日産関係者はこう指摘する。

「提携合意書の付則として覚書があり、ゴーンの年収も4000万円程度と決められていたはずだ。福利厚生面の待遇も細かに決めていたが、ゴーンのやっていたことを見る限り、この覚書がかなり書き換えられてしまったのではないか」

つまり、当初はルノー側が勝手し放題できない契約になっていたのに、それがなし崩しにされてしまったというのだ。

ということは、ゴーンの暴走に歯止めをかけられなかった歴代の日本人取締役にも責任の一端があることを意味する。本当にルノーとの「精神的に対等な関係」を目指すのであれば、日産の日本人取締役はみずからの首をかけて毅然とした覚悟をもって臨まなければならない。いくら「新たな企業統治システム」を導入しても、そうした覚悟がなければ、これまでと同様になし崩し的に切り崩されてしまう可能性がある。つまりは、仏作って魂入れず、の状態にしないことが肝要だ。

### ポスト・ゴーンの熾烈な駆け引き

事態は大きく動き始めた。ルノーは2019年1月24日、取締役会を開き、ゴーンからの会長兼CEO職の辞任の申し出を承認した。同時に後任会長には、フランスのタイヤメーカー、ミシュランCEOのジャン＝ドミニク・スナールが、後任のCEOにはルノー暫定CEOのティエリ・ボロレがそれぞれ就任することも決めた。

これを受けて記者会見した日産社長兼CEOの西川廣人は、19年4月中旬に臨時株主総会を開催し、ゴーンとケリーの取締役を解任すると同時に、ルノー新会長になるスナールをゴーンの後任の取締役に迎える方針であることを発表。「スナール氏は非常に優れたビジネスマンであり、ルノーの新体制を歓迎したい。ルノーとのアライアンスの大きな節目であり、新しいページの第一歩」などと西川は語った。

西川は、「ガバナンス改善特別委員会」から19年3月末までに答申を受け、4〜5月に日産の新たなガバナンス体制を議論し、6月の定時株主総会での承認を経て新体制を発足させる計画についても言及した。その前にスナールを日産の取締役に受け入れることで、ルノー側の意向も日産のガバナンス改革に反映させていきたい考えだ。

また、西川は記者の質問に答える形で「新しい体制を軌道に乗せてバトンタッチしたい」とも述べ、時期は明言しなかったが、社長を退く考えがあることも表明した。一連の混乱の責任を取るという意味があるのだろう。

これまでの日産の誤算は、ルノーがゴーンの人事を保留したままの状態であったことだ。

日本で逮捕されて刑事被告人となったとはいえ、ゴーンは依然としてルノーのCEOだった。日産としてはゴーンを追放したのに、今後の交渉相手のトップがゴーンでは、話が先に進まない。日産にとって、ルノーとの提携関係を継続させていくための第一条件が、ルノーが日産と同様にゴーンをCEOから解任し、取締役からも退任させることだっただけに、ゴーンの辞任は一歩前進と言える。

逆にゴーンにとっては、辞任は誤算でもあったと見られる。当初、ゴーンは早期に保釈されると見ており、保釈後にルノーCEOの立場から日産に揺さぶりをかける戦略だったようだ。1回目の保釈申請の際に保釈後の居住地をフランスに挙げていた点や、「塀の中」からルノーに指示し、日産とルノーの交渉を進ませないように妨害していたことなどから、ゴーンの戦略がうかがえた。捜査の関係上、日産は社内調査の結果を詳細に公表できなかったが、ゴーン側はこれも巧みに利用した。フランス政府側は不正の詳細が分からないことや推定無罪の原則を盾に、ゴーンの解任を拒んでいた。

西川は18年12月17日の記者会見で「不正の事案については詳細な情報提供をして（日産―ルノー―三菱の3社が）同じ理解になるようにする。捜査のプロセスもあってできなかったが、ルノーや三菱に理解してもらう努力をしなければならない。今はルノー側の弁護士を通して話をしているので、事案の生々しい部分がルノーの取締役一人ひとりに届いていない」と語った。もし日産がルノー側に調査結果を開示できていたら、ルノーも「経営トップ不適格」と判断し、即座にゴーンを解任していただろう。

## 「ルノーのケリー」と呼ばれるイラン出身女性

西川が会見で触れた「ルノー側の弁護士を通して話をしている」ということも、重要なポイントだった。

ある日産関係者は、こう指摘する。

「ルノーにはゴーン派の役員も残っており、何とかゴーンを残留させるべく画策している。ゴーンが保釈されるまでの間に日産とルノーが直接本音ベースで話し合う機会を持てないよう、弁護士を使って時間稼ぎを仕向けている」

ルノーのゴーン派の筆頭格が、副社長のムナ・セペリだ。このイラン出身の女性は弁護士資格を持ち、ルノーにおけるゴーンの最側近とされている。1999年の提携当時はルノーの法務部のマネージャーとして交渉に関わり、現在は総務、法務、広報、取締役会事務局などの管理部門を掌握している。「暫定CEOのティエリ・ボロレよりも社内で力を持っている」（同前）との評もある。

日産社内では、セペリは「ルノーのケリー」と呼ばれているという。ケリーとは、ゴーンと一緒に虚偽記載容疑で逮捕、起訴されたグレッグ・ケリーのことだ。ケリーは日産の代表取締役であり、日産におけるゴーンの最側近だ。弁護士の資格を持ち、法務部や人事部での経験が長く、セペリと経歴やその役回りが非常によく似ている。日産はケリーについて「不正に深く関与した」と断定し、代表権をはく奪した。

前出の日産関係者がセペリについて語った。

「セペリの動きには要注意だ。ゴーンは東京拘置所でフランスやレバノン、ブラジルの外交官と頻繁に面会しているが、彼らを通じてセペリに細かい指示を出している。ブラジルのリオデジャネイロに日産が保有する高級マンションがあり、ゴーンが私的に使用しているとして批判されたが、このマンションの金庫に保管している書類をゴーンの娘に取りに行かせたのも、ゴーンの指示を受けたセペリの判断ではないかとの指摘もある。

また、日産とルノーとのコミュニケーションが円滑に進まないよう、セペリがルノー側の弁護士に何らかの指示をしているのではないかとの声も日産社内にはある」

なお、ゴーン側の弁護士はリオデジャネイロの高級マンションから書類を持ち出したことについて、「証拠隠滅ではない」と反論している。

ただ、セペリも急速に力を失った。それは、オランダに設立したアライアンスの戦略を練る「ルノー・日産BV」から、開示されていない「裏報酬」をセペリが得ていたことが分かったからだ。

日産がロビー活動を通じてフランス政府にゴーンの不正内容を詳細に伝え、社内調査でセペリの裏報酬を暴いたことで、流れが変わったと見られる。

フランス内でのゴーン擁護の雰囲気は消えた。加えて、長期勾留によってルノーCEOに復帰できないとなると、トップ不在ではルノーの本業にも影響が出る可能性が高まり、一気に新体制発足と動いたわけだ。

### アライアンスのゆくえ

焦点は、今後のアライアンス（同盟）運営を巡って、日産とルノーのどちらが主導権を握るかだ。株式の論理上は43％超の日産株式を持つルノーが日産を支配しているが、提携当初から、両社が経営リソースを持ち寄り、開発、生産、物流などの面で協力し合ったりすることで、シナジー効果を生み出すことにアライアンスの主眼が置かれてきた。技術力やグローバルな拠点数では日産の方が優位なため、ルノーがもっぱら日産のリソースを活用することが多かった。アライアンスに謳われた「対等の精神」とは、そうした点を反映したものだ。

しかし自動車メーカーとしての力関係が逆転したいま、日産が求める理想的な関係は、精神面だけでなく資本関係でも対等な関係にすること、あるいは対等に近づけていくことだ。そのためには次のような選択肢が想定される。

**①　ルノーの日産への出資比率を40％未満に下げ、日産が持つルノーの15％の株式の議決権を復活させる（フランスの法律上、日産のルノーに対する出資比率が40％を超えれば、日産の保有するルノー株15％分の議決権は消える）。**

**②　さらにルノーの出資比率を下げるために、日産が増資をおこない、相対的な比率を下げ、日産もルノーの株式を買い増していく。**

**③　ルノーの日産への出資比率を下げさせるが、日産のルノーに対する出資比率はそのままにしておく。ただし、アライアンスのもう一社である三菱自動車がルノーに対して出資して、ルノー対「日本連合」で対等な資本関係を構築する。**

**④　日産－ルノー－三菱の3社アライアンスの統括会社で、共通戦略を練る「ルノー・日産BV」のCEOは、ルノーのCEOが兼務することを日産とルノー間で取り決めているが、それを見直し、日産のCEOがBVのトップを務められるようにする。**

ただ、ルノーやフランス政府側にも譲れない線はある。フランス側は、マクロン大統領やルメール経済財務相の言動を見る限り、最低でもこれまでの関係を維持したいと見られる。このため、日産が求める資本面での対等、すなわち「目に見える形での対等」を、フランス側は簡単には受け入れないだろう。交渉は難航し、日仏政府を巻き込んだ情報戦なども予想される。提携の行方を占ううえでも、今後の交渉で両社がお互いどこまで譲歩できるかがカギを握るだろう。

## 離れようにも離れられない関係性

では、日産とルノーの交渉がこじれたらどうなるか？

ルノーが強硬策に出た場合、日産に対し敵対的なTOBを開始して一気に50％を超える株式保有を狙い、名実ともに子会社化するというシナリオも考えられる。このリスクを想定したうえで、日産と日本政府は対抗策を準備しておかなければならない。

一方の日産は、社内に「ルノーによる搾取への不満」が渦巻いている。そのため、「提携を解消すべき」といった声が一気に強まる可能性もある。役員経験者のOBたちからも「今回の事件を契機に、一気に提携関係を見直すべき」との意見がすでに出ている。

しかし、アライアンスを解消したら、両社ともにデメリットを被るだろう。ルノーは、純利益の半分近くを占める日産からの配当収入がなくなれば、株価も低迷し、逆に買収リスクにさらされるようになる。加えて、自動車産業界では「自動運転」「コネクテッドカー」など次世代技術の開発競争が激化しているが、こうした技術力は日産の方が上だ。日産からの技術協力がなければ、ルノーは次世代車の開発で大きく立ち遅れてしまうだろう。

一方、日産も買収リスクにさらされるようになる。提携を解消すれば、ルノーは保有する日産の株式約43％をどこかに売却する。43％の日産株の価値は2019年1月4日時点で約1兆6000億円もある。これほど巨額の資金を出せるのは、オイルマネー系や中国系のファンドだ。日産には厄介な大株主が出現するリスクがあるのだ。

加えて、両社は共同生産、共同開発など実務面での共同プロジェクトを進めているが、それがなくなればスタートラインから自力で出直さなければならず、大きな時間のロスとなる。100年に1度の大変革の波が襲ってきている自動車業界では競争が激しくなっている。時間のロスは他社との競争戦略上、大きなデメリットになる。

経済合理性を考えれば、これまで業績面では一定の成果を出してきたアライアンスを解消するのは得策ではない。それについて、両社は百も承知だろう。

しかし、ルノーと日産の関係がぎくしゃくし始め、フランス政府も介入し始めたいま、このままスムーズに両社の提携関係が進むとは思えない。前述したように日産は、ルノー副社長セペリの存在などルノーに対して不信感を募らせているし、ルノーやフランス政府もゴーンがおこなった不正の詳細をなかなか明らかにしない日産に対して不信感がある。こうした状況下では今後のアライアンスの在り方を議論していくこともままならないだろう。

さらに言えば、良くも悪くもその独裁力によって3社の利害関係を調整してきたゴーンが不在になることによって、調整に手間取り、素早い意思決定ができなくなる可能性もある。これからひと波乱もふた波乱も起こりそうな雲行きだ。

## トヨタを焦らせる「レジーム・チェンジ」

一方、自動車産業の世界で起きている100年に1度の大変革に目を転じると、日産とルノーの暗闘は、じつに小さな「コップの中の嵐」と見ることもできる。

日本一の純利益と株式時価総額を誇るトヨタの豊田章男社長でさえ、自動車産業の未来についてはこう見ている。

「勝つか負けるかではなく、生きるか死ぬかの競争が始まった」

競争相手は従来の自動車メーカーだけに限らず、米グーグルやアマゾン、ウーバーなど巨大なプラットフォームを有するIT企業が参入しつつある。巨大IT企業は、自動運転や配車サービスなどの開発を商機とみている。豊田は、「新たなライバルとなるテクノロジーカンパニーは、我々の数倍のスピードで豊富な資金を背景に新技術への積極的な投資を続けている」と危機感を募らせる。

2017年の研究開発費を見ても、トヨタが1兆642億円で日本企業としては断トツの1位だったのに対して、世界1位のアマゾンはトヨタの約2・3倍、同2位のアルファベット（グーグルの親会社）は約1・7倍もの巨費を投じている。

こうした現状に強い危機感を抱くトヨタは、18年6月、これまでの同社の常識を否定するかのようなグループ再編に着手した。モーターの回転やトルクを制御するハイブリッド車やＥＶの心臓部の一つ「ＰＣＵ（パワーコントロールユニット）」などを生産する広瀬工場（愛知県豊田市）を、19年末までにグループ会社のデンソーに移管すると発表したのだ。開発部門も22年頃までに同社に移すという。

従来のトヨタは、自動車の心臓部分の部品については自社開発を貫いていた。最も重要な部分を他社に任せていては、コストを見極める力や開発力が衰えて空洞化を招くと考えていたからだ。その方針を大転換したのは、すべてを自前主義でまかなっていては、開発投資が膨らみ過ぎて、競争に勝てない時代が来ていることを察知したからだ。

トヨタを焦らせているのは巨大ＩＴ企業の参入だけではない。さまざまな「レジーム・チェンジ」が加速しているのだ。

そのひとつが、世界で「エコカー」の定義からハイブリッド車を外す動きが起こっていることだ。根底には、日本が得意とするハイブリッド技術を意図的に外すことによって、「競争のルール」をリセットしたいとの各国の思惑があると見られる。日本の自動車産業は「技術で勝ってルール作りで負ける」という厳しい局面に追い込まれつつあるのだ。

## 中国の強引なＥＶ戦略

ルールのリセットのために大きく動き出したのが中国だ。

中国政府は２０１７年９月28日、19年から一定数のエコカーの製造・販売を義務付ける新環境規制を発表した。その規制において、中国はエコカーの定義からハイブリッド車を外したのだ。今後、中国はＥＶをエコカー戦略の中心に置くと見られる。

新規制発表の約半年前の17年４月には、中国政府は新たな自動車産業政策「自動車産業中長期発展計画」を発表している。同計画では「今後10年間で自動車強国になる」方針が示された。大国ではなく「強国」という言葉を使ったことに注目してほしい。

中国の17年の新車販売台数は約２８９０万台で、９年連続で世界首位をキープした。しかし、自前の技術がないため、エンジンや変速機などの主要技術は日本やドイツなど海外からの技術供与で成り立っているのが現状だ。新産業政策によって、こうした海外依存からの脱却を図るという狙いが見えてくる。

ＥＶについては、まだ各国メーカーが開発を本格化させたばかりである。市場投入が早かった日産や米テスラは先行しているものの、他社はまだスタートライン付近にいると言ってもいい状況だ。ハイブリッド車やクリーンディーゼル車の開発では、日本や欧州のメーカーがはるか先を走っており、中国は絶対に追いつくことはできない。しかしＥＶであれば、他国のメーカーもほぼ同じスタートラインに立っている。この状況で一気にＥＶシフトすることで、中国にも勝機が生まれる……中国政府はこのような戦略を立てたのだ。

中国政府によるＥＶ転換政策には、強引さも否めない。中国は石炭依存度が高く、電力の約7割が石炭による火力発電である。石炭火力は大量のＣＯ２を排出する。そのため、「WELL to WHEEL（油田からタイヤまで）」という概念で、中国で車一台を走らせた際のＣＯ２の排出量を計算すると、40年頃まではハイブリッド車を普及させる方がＣＯ２排出量を総合的に低くできるとの試算がある。石炭を燃やして発生させた電力をＥＶが使うのであれば、結局はＣＯ２の削減にならないからだ。

中国政府はこうした矛盾は百も承知の上で、ＥＶ普及戦略を立てたと見るべきだろう。他国の産業の競争力を削ぎ、中国の産業が有利になるような方向にゲームのルールを変更することが目的だからだ。ＥＶに舵を切った中国政府の新政策については、産業政策を直接担当する部局には異論の声があったにもかかわらず、最終的には共産党中央が押し切ったという情報もある。これらの点からも、ＥＶで自動車産業のレジーム・チェンジを狙う中国政府の強い意志を読み取ることができる。

## 「技術で勝って、勝負で負ける」日本

そうした中国の動きをよそに、日本メーカーの中にはＥＶを軽視する動きもある。ＥＶよりもハイブリッド車の方が高い技術が求められ、航続距離の点でも優れているからだ。しかし、「良い技術」が必ずしも世界のデファクトスタンダード（事実上の標準）になるとは限らない。

本来なら、企業が公平な条件の下で競争し合い、市場の淘汰をくぐり抜けた最も優れた製品がデファクトスタンダードになるのが理想的だ。しかし、中国政府は市場競争の前にあらかじめ規制をかけることによって製品の範囲を狭めてしまい、政府の意向に沿うような標準を決めようとしている。こうしてできた標準は「デジュールスタンダード（法規制や事前の話し合いで決める標準）」と呼ばれる。

ＥＶに限らず、自動運転やカーシェアなどの分野に異業種からの参入が相次ぎ、自動車産業界では「異次元競争」が始まっている。こうした局面では新たなルール作りを巡って、企業間や国家間で様々な駆け引きがおこなわれる。

日本は官民ともこうした動きに鈍感だ。公式、非公式の国際会議の場での交渉力は総じて弱い。たとえば自動車業界では、独アーヘン工科大学を中心とした「アーヘンコロキュ

ーム」やウィーン工科大学が軸となる「ウィーンシンポジウム」が毎年開催され、そこに世界の産官学のトップクラスの人材が集まり、各陣営が技術や環境規制などの動向を探り合うのだが、場所柄もあって欧州勢が圧倒的な存在感を示している。

2018年のウィーンシンポジウムでは、サプライズがあった。15年に発覚した「ディーゼル排ガスデータ不正事件」以降、ディーゼルを諦めてEVにシフトしているかに見えたドイツのフォルクスワーゲン(VW)が、次世代ディーゼルの技術を公表したからだ。「欧州勢はEVシフトするように見せかけ、じつは着実に内燃機関の進化も進めている。したたかにディーゼル復権も狙い、欧州の環境規制当局にも密かに根回ししているのではないか」(日本メーカー役員)との指摘もある。

VWの動きが影響したのか、直近の欧州では単純なEVシフトではなく、CO2削減のために自然エネルギーを使って生成した燃料の利用も推進していくべきとの論調が強まっている。急激なEVシフトへの揺り戻しとも言える。こうした揺さぶり戦略を、ロビー活動を通じて世界の企業は仕掛けてくる。

一方、日本企業は「良いモノ」を造ってさえいれば報われるという職人気質が根強い。だが、いくら良いモノを造っても、ルールメイキングに参加できなければ、その努力は水泡に帰すリスクがある。

スポーツの世界でも似たようなことがあった。かつて柔道の国際試合では、美しい一本勝ちを狙いにいく日本本来の柔道のスタイルが不利になるようなルール変更がなされた。そのため、日本人選手がなかなか勝てない時期が長く続いた。スキーのノルディック複合競技でも、同様のルール変更があった。日本人選手が前半のジャンプで大量得点を稼いでクロスカントリーで逃げ切る方程式を確立し、五輪で金メダルを量産するようになると、欧州におけるノルディック複合の人気が凋落してしまった。すると、ジャンプの比率を下げて欧州勢に優位になるようなルール変更がおこなわれたのだ。

産業界でもこれと似たことが起こっている。日本の自動車メーカーは「技術で勝って、勝負で負ける」事態にならないようにするべきだろう。

## サイバーセキュリティの死活的重要性

「クルマのスマホ化」によって、一躍脚光を浴びるようになったのが、サイバーセキュリティ対策である。自動運転の制御技術や、クルマ同士がネットワークを通じて双方向通信しながら渋滞や事故を予防するシステムにおいて、最も警戒しなければならないのはマルウェア（ウィルスなどの不正プログラム）だからである。

サイバーセキュリティ対策が死活的に重要なのは、自動車業界にとどまらない。今、世界では米国、中国を中心に、サイバーセキュリティ対策を巡って様々な駆け引きがおこなわれている。中国は国家を挙げて米国や日本にハッキングを仕掛け、軍事技術を中心とするハイテク情報の収集に余念がない。まさに、サイバー空間における戦争そのものである。米国をはじめとする西側諸国が中国の通信機器企業「ファーウェイ（華為技術）」などの排除を決めたのも、同社製品を通じた情報漏洩やサイバー攻撃を懸念してのことである。サイバーセキュリティ対策が安全保障と通商政策の両面においてカギを握っているのだ。「米中貿易摩擦」の背景には、このような事情がある。

２０１６年、米国防総省は同省と契約する事業者に対して、米国のサイバーセキュリティ対策の標準である「ＮＩＳＴ　ＳＰ８００－１７１」に準拠した情報システムを17年12月31日までに導入するよう求めた。これは米商務省傘下の国立標準技術研究所（ＮＩＳＴ）が定めたもので、ＳＰ８００シリーズではサイバー攻撃を防御するための推奨技術を掲げ、具体的な対策を展開する手順なども決めている。

ＮＩＳＴは米国の軍事技術を民間に転用する際、ＩＳＯ（国際標準化機構）などと連携して技術の仕様などを公開・標準化するプロセスも担当している。すでにＮＩＳＴは米マイクロソフトと組んでＳＰ８００シリーズのＩＳＯ化も進めているとされる。

米国防総省に機器などを納めている業者は、たとえ極秘性の高い機密情報は扱っていなくても、同省が指定した重要情報「ＣＵＩ（Controlled Unclassified Information）」を扱っていれば、この基準をクリアしたシステムを導入しなければならない。ＣＵＩとは10年に大統領令によって定義されたもので、その対象範囲は広い。たとえば、最新の戦闘機の末端部品の開発にかかわっている下請け業者まで、ＣＵＩの取扱い業者に指定される可能性がある。

### ホンネは「米国のセキュリティシステムを買え」

こうした動きによってまず影響を受けるのが日本の防衛産業だ。日本は、同盟国の米国と防衛装備品の共同開発をしているほか、ライセンス生産もしている。国防総省は今後、米国企業に限らず、パートナーである日本の防衛省や装備品を生産する三菱重工業などの日本企業にも同等の対応を求めてくると見られている。

その波は自動車産業にもやってくる。防衛省関係者によると、米国は軍需産業に限らずあらゆるハイテク産業に対してＮＩＳＴと同等のセキュリティ標準を求める考えであるという。その理由は明確だ。あらゆるモノがインターネットと繋がるＩｏＴの時代を迎え、すべての製品にハッキング対策をしておかないと、「アリの一穴」からインフラに関する重要システムが壊滅的な打撃を被るからだ。「スマホ化」した自動車がハッキングされてしまったら、テロや殺人などが容易におこなわれてしまう。

すでに米国では、高速道路で自動運転の実験をする際、ＮＩＳＴのセキュリティ基準を導入することが求められている。「クルマのスマホ化」が一層進めば、米国基準でセキュリティ対策をしていない日本車は米国で販売できなくなる可能性があるのだ。

米国の真の狙いは、セキュリティ対策など安全保障を大義名分とした自国のビジネスの拡大にある。ＮＩＳＴは米マイクロソフトと組んでいるし、サーバー内の属性情報をコントロール・共有できる技術は米インテルのものを採用している。要は米国と商売したければ、米国のセキュリティシステムを買えということなのだ。

米国はこの戦略を隠しているわけではない。ＮＩＳＴは２０１５年12月、『米国の利益確保を目的とした国際標準化活動への戦略的な関与の在り方』と題した報告書を公表。米国主導のサイバーセキュリティの国際標準化によって国際貿易を促進し、米国の利益を十分に確保すると明言している。これはトランプ政権になって始まったものではなく、すでにオバマ政権時代から始まっていた戦略である。

こうした事態を受け、日米の自動車ビジネスに精通した関係者は「早く対策を打たなければ、日本車が米国で走れなくなる時代が来るかもしれない」と危機感をあらわにする。日本の自動車産業の対応が注目されている。

## 中国が狙うトヨタの技術

日本の自動車産業にとって厄介なのは、米国と並ぶ収益源の中国も政府が覇権をかけてＩＴ産業を強化している点だ。中国は経済力をバックに大量の人工衛星を打ち上げ、米国に依存しない自前のＧＰＳシステムを導入し、友好国に港湾監視システムを販売することを狙っている。こうしたシステムを通じて海外のビッグデータを収集し、安全保障と経済の両戦略につなげようとの目的が見え隠れしている。

また、中国は米国への対抗上、サイバーセキュリティなどの技術標準づくりを自国主導で進めようとしている。中国は「インターネット安全法」を２０１７年に施行した。この法律はネットやＩＴ企業の統制強化を目的としたものだ。米国の動きを意識している中国政府は、中国政府が認めたサイバーセキュリティ技術の導入やハイテク技術のデータ開示などを、近いうちに中国進出企業に義務づける可能性が高い。

そうなると、日本の自動車メーカーは中国基準にも対応しなければならなくなり、二重の投資を迫られることになる。

それればかりではない。日本の自動車メーカーの技術は中国から狙われている。

中国の首都・北京から南西に150キロほど離れた河北省に「雄安新区」というハイテク産業集積地がある。習近平国家主席が肝煎りで「千年の大計」として開発決定し、17年4月に基本計画が公表されたばかりだが、急ピッチで建設が進んでいる。総投資額2兆元（約32兆円）とも言われ、いずれは北京に次ぐ第二首都になると目されている。中国政府は雄安新区において、ヘルスケア、音声認識など4つの成長分野でAIプラットフォーム戦略を推進している。

なかでも最も注目されるのは、中国最大の検索エンジン運営会社「バイドゥ（百度）」が中心になって進める自動運転の開発連合「アポロ計画」である。AIを使って世界最先端の自動走行システムを開発するプロジェクトだ。雄安新区では、道路などのインフラ側も最先端の技術を導入し、自家用車はすべて無人運転のクルマになる予定だ。

そんな中国側が喉から手が出るほど欲しがっているのが、トヨタの技術だ。中国の李克強首相は18年5月に来日した際、変速機を生産するトヨタ北海道工場を見学した。李首相はメモを取りながら、トヨタを質問攻めにした。それを契機に「トヨタに惚れ込んだ李首相は、盛んに雄安新区への進出を誘っている」（政府筋）という。18年9月に日本経団連の中西宏明会長（日立製作所会長）や日中経済協会の宗岡正二会長（新日鐵住金会長）ら日本の経済人が訪中した際、トヨタの内山田竹志会長も同行したが、内山田会長は北京での晩餐会を欠席して雄安新区を訪問した。

中国における日本の自動車メーカーの販売台数の序列（17年）は、1位が日産で152万台（前年比12・2％増）、2位がホンダで144万台（同15・5％増）、3位がトヨタで129万台（同6・3％増）となっている。中国戦略が日産やホンダに比べて遅れているトヨタにとっても、雄安新区への誘いは渡りに船だ。

トヨタは1980年代、中国進出の誘いを断ったために鄧小平を激怒させた。以来、面子を重んじる中国政府は外資ではVWを最も優遇し、トヨタを冷遇してきた経緯がある。トヨタにとってはそれがトラウマになっている。それを挽回するチャンスでもあるのだ。

## 米国は中国へのハイテク投資を許さない

ところが、トヨタは中国への進出には慎重だ。グループ企業に対して、中国への投資についてはすべてをオープンにはしないよう緘口令を敷いているという。

その理由は、もうひとつのトラウマが米国にあるからだ。

トランプは2017年の大統領就任の頃から、メキシコで自動車の生産を拡大させるメーカーを激しく批判した。日本メーカーではトヨタを槍玉に挙げた。日産に比べてメキシコ生産が少ないにもかかわらず、トヨタを「日本代表」とみなし、得意のツイッター攻撃でカウンターパンチを見舞ったのだ。それに怯えた社長の豊田章男は官邸に駆け込み、17年2月、首相の安倍晋三と対米戦略を巡って急遽会談した。また、それに先立つ17年1月、米国に1・1兆円もの巨額投資をすることを発表した。

先にも述べたように、米中貿易摩擦の背景には、単に米国の対中貿易赤字だけではなく、「ハイテク戦争」という国家安全保障の根幹に触れる課題が横たわっている。グーグルやフェイスブック、アップル、アマゾンに象徴されるITビジネスは米国の独壇場だったが、中国でもファーウェイ、テンセント（騰訊）、バイドゥといったグローバルIT企業が台頭してきた。米国側はこうした中国の新興企業が米国の知的財産を侵していると主張している。

さらに通商政策担当で対中強硬派である米大統領補佐官のピーター・ナヴァロは、「中国は不当に未来の産業の支配を目論んでいる」とアピールしている。18年7月にはFBIが、アップルの中国人元社員を逮捕する事件も起こっている。この中国人元社員は、中国の自動車メーカーへの転職を控え、米国を出国する際、企業秘密を盗んだとされている。

そのような状況の中、とくに次世代技術に関連するトヨタの対中投資が明らかになってしまうと、米国から目を付けられる可能性があるのだ。

## 大国の安全保障に左右される時代

近く日米間で始まる「物品貿易協定（TAG）」交渉も、日本の自動車産業に試練を与えるだろう。

2018年の米国中間選挙で与党共和党が下院で敗北したものの、トランプ大統領は強気の姿勢を崩していない。選挙直後の記者会見で対日貿易交渉に言及した際、「日本は貿易で米国を極めて不公平に扱ってきた」と述べた。トランプ大統領の攻撃の矛先は、日本の自動車産業に向いたままだ。

トランプ政権は18年春にはWTO（世界貿易機関）のルールを無視し、日本からの対米自動車輸出に25％の追加関税をかけると日本に脅しをかけてきた。米国案通りに関税がかかるとすれば、トヨタは1台当たり6000ドルもの影響が出るとしている。

まずは、NAFTA（北米自由貿易協定）の新協定「米国・メキシコ・カナダ協定（USMCA）」の発効によって、日本の自動車メーカーは現地の部品調達費比率を現行の62・5％から75％にまで引き上げなければならない。これを受け、サプライチェーンを再構築しなければならず、ここに大幅なコストがかかる。トヨタは北米で売るハイブリッド車の基幹部品である電池などは日本から輸出しているが、「新しいルールに応じてハイブリッド車の部品の現地生産を検討している」と、副社長の小林耕士は説明する。

このような米中貿易摩擦やトランプ政権の政策から見えてくることは、安全保障政策が通商政策を上回る時代に突入したということである。また、自国の利益を優先したい大国のご都合主義で、これまでのゲームのルールがいとも簡単に変えられてしまう時代にもなった。

より大胆に言えば、経済合理性や消費者の利益よりも、「国家の威信」の方が重要になってきたということでもある。市場での利益に魅せられて安易に動くと、大国の「標的」になってしまうのである。20世紀最大のグローバル産業であった自動車は、まさにそうした時代の潮目の変化に翻弄されているのだ。

民間企業における優勝劣敗は、原則、市場競争や自助努力によって決まるべきものだ。その一方で競争の前提となるルールが変更され、国際政治的にも自動車産業を取り囲む外的要因は大きく変化している。

こうした状況下で起こったゴーンの逮捕や、フランス政府をも巻き込んだ日産とルノーのせめぎ合いは、今後どのような動きを見せていくのか。世界が注目しているに違いない。

# おわりに　ゴーンの日産は「社会を豊か」にしたか

## クルマではなくカネをつくる経営者

筆者は朝日新聞経済部記者として1995年10月からトヨタの担当になり、一時は愛知県豊田市に駐在していた。その後、東京に転勤して98年8月から日産を担当した。当時は横浜高校の松坂大輔投手が甲子園を沸かせていたのを思い出す。時の流れは早く、あれから20年余が過ぎた。

日産担当時代の99年、仲間の支援もあって「日産－ルノー提携」を最終局面でスクープしたことが筆者の新聞記者時代の唯一の自慢だ。この経験が経済記者としての原点にもなった。2004年にフリージャーナリストに転じてからも、カルロス・ゴーン氏には何度も単独インタビューをおこなってきた。そんな経緯もあり、筆者にとって今回のゴーン逮捕は単なる一企業の事件ではない。自分自身のライフヒストリーと向き合うような気持ちで、本書の取材・執筆にあたった。

今、筆者はあらためて自動車メーカーの存在意義について思う。

自動車メーカーは商品で勝負している。「良い製品」を造った会社が勝ちだ。「良い製品」とは何か。「コストが安く、燃費が良くて、デザインがカッコいい」といったアタリマエのことではない。筆者の考える良い製品には2種類ある。

まずは私たちの生活を画期的に便利にしてくれるものだ。コンビニの商品がスーパーより高くても買ってしまうのは、文字通りコンビニが便利だからだ。価格が少々高くても、そのクルマが以前のクルマよりずっと便利なものであれば消費者は買う。

ところが今、クルマは私たちにとって必ずしも便利なものではない。都会では駐車場探しに困るし、維持コストもかかる。だからカーシェアの人気が出始めた。スマホを持っていれば事足りるから、若者はスマホは買うがクルマは買わない。

次に、所有していて意義のあるものだ。持っていてカッコいいとか、共感を得られるとか、社会に貢献できるといった類の製品だ。

近年、トヨタ、日産、ホンダといった日本の大手から、これはという「良い製品」が出なくなった。

その理由はなぜか。第二章でも紹介した日産ＯＢ、片山豊氏の言葉が忘れられない。10年にインタビューした時のことだ。「フェアレディZの父」と言われる片山氏は、１００

歳を過ぎても自動車産業論を熱く語っていた。

「今の日本の自動車会社の経営者は何のためにクルマを造っているのかね。クルマは単なる移動の道具ではなく、社会を豊かにするためのものという考えが欠落しているから、消費者から見放されているのではないですか。今のメーカーはクルマではなく、おカネをつくっている。ひと言で言えば、努力が足りないね。安易に儲けすぎている」

クルマは社会を豊かにするものでなければならない……この発想が、ゴーン氏には決定的に欠けていたのではないか。多くの従業員に充実感を与え、生産拠点がある地域を潤わせ、ユーザーを楽しませるという視点がなかったのではないか。片山氏の言葉を借りれば、ゴーン氏はおカネをつくることが得意な経営者だった。

## 「社会を豊かにする会社」に戻れ

もっとも、企業経営は業績、すなわちおカネがすべての面もある。上場企業は利益を出して株主に還元しなければならない。ゴーン氏が日産とルノー両社のCEOを兼ねていた時、これは利益相反ではないかという声が自動車業界にはあった。ルノーは日産に約43%出資しているが、残り約57%の株主の利益と、ルノーのそれが対立した場合、ゴーン氏の判断がどちらか一方の株主に有利に働き、もう一方には不利に働くこともあるためだ。

それでも株主が目をつぶってきたのは、日産が利益を出して配当を続けてきたからだ。しかし、最近は規模ばかり追求し、「良い製品」の追求が疎かになっていた。その結果、3社連合の規模はトヨタを抜いて世界2位になったものの、営業利益率はトヨタの半分にも満たない。規模だけ大きくなり、効率性が悪くなったうえ、シナジー効果（コスト削減）ばかり追求した結果、消費者を魅了するクルマが少なくなってしまったのだ。

今回の事件の影響で3社連合の動きがもたつき、また内紛の歴史を繰り返すようであれば、「良い製品」造りで劣後し、激しい市場競争の中で淘汰されるに違いない。そうでなくても、すでに自動車業界はＩＴ業界から侵食されつつあるのだ。日本政府も経営者も、コップの中の争いをしている時間的余裕はない。


最後に個人的なことを一言お許しいただきたい。筆者がフリージャーナリストという不安定な身分ながらも仕事を続けてこれたのは、自動車産業のおかげだと思っている。これは業界の御用記者という意味ではない。ネタが豊富で書くことが尽きないからだ。記事を書くことで新たな情報もまた集まってくる。

舌禍ならぬ「筆禍」によって、大手自動車メーカーから出入り禁止処分を受けることもしばしばあるが、「愛のある批判」を心掛けているつもりだ。とくに日産については、郷里のすぐ近くに日産九州工場があって関係者も知っているし、亡父は同工場の傍にある日産の源流企業、日立金属で働いていたので愛着もある。

今後、日産経営陣には茨の道が待ち受けているだろう。ゴーン氏の刑事訴訟は長期化が予想されるし、何より日産への逆襲があるかもしれない。ほかにもルノーとの交渉や株主からの責任追及、社員の士気の低下への対応などいずれも難題だらけだ。

今こそ、日産は自動車メーカーの原点に立ち返り、単にカネをつくる会社ではなく、社会を豊かにする会社に戻って欲しい。そうすればファンは日産を絶対に見放さない。

なお、本書の執筆にあたり、視点のアドバイスや編集作業に関しては、文藝春秋編集委員の吉地真氏と文春新書編集部の西本幸恒氏に大変お世話になった。この場を借りて御礼を申し上げる。

日産九州工場近くの郷里にて　井上久男

2019年1月

# 参考文献（順不同）

桂木洋二『日本における自動車の世紀―トヨタと日産を中心に』（グランプリ出版）
桂木洋二『欧米日・自動車メーカー興亡史』（グランプリ出版）
毎日新聞社編『大日本帝国の戦争1　満洲国の幻影』（毎日新聞社）
新井敏記『片山豊　黎明』（角川書店）
塩路一郎『日産自動車の盛衰―自動車労連会長の証言』（緑風出版）
カルロス・ゴーン『カルロス・ゴーン―国境、組織、すべての枠を超える生き方［私の履歴書］』（日本経済新聞出版社）
カルロス・ゴーン『ルネッサンス―再生への挑戦』（ダイヤモンド社）
リタ・ゴーン『ゴーン家の家訓』（集英社）
漆原次郎『日産　驚異の会議―改革の10年が生み落としたノウハウ』（東洋経済新報社）
日産自動車株式会社V－up推進・改善支援チーム『日産V－upの挑戦―カルロス・ゴーンが生んだ課題解決プログラム』（中央経済社）
デイビッド・ハルバースタム『覇者の驕り―自動車・男たちの産業史（上下）』（日本放送出版協会、高橋伯夫訳）
藤井敏彦『競争戦略としてのグローバルルール』（東洋経済新報社）
國分俊史、福田峰之、角南篤編著『世界市場で勝つルールメイキング戦略―技術で勝る日本企業がなぜ負

けるのか』（朝日新聞出版）
木村英紀『ものつくり敗戦─「匠の呪縛」が日本を衰退させる』（日経プレミアシリーズ）
折口透『自動車の世紀』（岩波新書）
下川浩一『世界自動車産業の興亡』（講談社現代新書）
佐藤正明『自動車　合従連衡の世界』（文春新書）
井上久男『自動車会社が消える日』（文春新書）
井上久男『メイド　イン　ジャパン　驕りの代償』（ＮＨＫ出版）

このほかにも、文藝春秋、講談社、東洋経済新報社などの各種媒体で筆者が過去に書いた記事を大幅加筆修正して用いたほか、各種雑誌記事や新聞記事を参照しました。

**井上久男**（いのうえ ひさお）

経済ジャーナリスト。1964年、福岡県生まれ。九州大学卒業後、大手電機メーカーを経て92年朝日新聞社入社。名古屋、東京、大阪の経済部で自動車、電機産業を担当。99年、「日産・ルノー提携」の特ダネをスクープ。2004年に独立し、フリー。著書に『自動車会社が消える日』（文春新書）、『メイドイン　ジャパン　驕りの代償』（NHK出版）、『トヨタ愚直なる人づくり』（ダイヤモンド社）ほか。

**文春新書**

1205

日産（にっさん）vs.ゴーン　支配（しはい）と暗闘（あんとう）の20年（ねん）

2019年（平成31年）2月20日　第1刷発行

著　者　井　上　久　男
発行者　飯　窪　成　幸
発行所　株式会社　文　藝　春　秋

〒102-8008　東京都千代田区紀尾井町3-23
電話（03）3265-1211（代表）

印刷所　理　想　社
付物印刷　大　日　本　印　刷
製本所　大　口　製　本

定価はカバーに表示してあります。
万一、落丁・乱丁の場合は小社製作部宛お送り下さい。
送料小社負担でお取替え致します。



ISBN978-4-16-661205-5

文春新書好評既刊

井上久男
## 自動車会社が消える日

燃費で勝る日本を一挙に追い詰めた中国・EUのガソリン車禁止、自動運転技術を握ったITの巨人たち。日本車没落の未来を透視する

1147

鈴村尚久
## トヨタ生産方式の逆襲

ジャスト・イン・タイムが鉄則のトヨタ生産方式を正しく運用すれば、儲かる会社に必ずなる！「秘中の秘」のメソッドを初公開する

968

立石泰則
## さよなら！ 僕らのソニー

かつて憧れのブランドであったソニーはなぜ凋落してしまったのか。ソニー内部の綿密な取材から見えてくる、恐るべき経営自爆の実態

832

中野信子
## サイコパス

クールに犯罪を遂行し、しかも罪悪感はゼロ。そんな「あの人」の脳には隠された秘密があった。最新の脳科学が解き明かす禁断の事実

1094

岩波 明
## 発達障害

『逃げ恥』の津崎、『風立ちぬ』の堀越、そしてあの人はなぜ「他人の気持ちがわからない」のか？ 第一人者が症例と対策を講義する

1123

文藝春秋刊